내 아이의
척추가
위험하다

•평생 바른 몸 만드는 내 아이의 자세 습관•

내 아이의 척추가 위험하다

이동열 지음

예담 friend

차례

Chapter1
바른 자세가 곧 학습 능력이다

아이의 성적표만 보지 말고 걷는 모습을 보라

아이에게 바른 자세가 전부인 이유

오래 앉아 있어봐야 아이의 척추만 병든다

책 보는 아이, 무조건 좋아하면 안 된다

부모의 관심이 아이의 자세를 바로잡는다

악기를 가르치기 전에 부모가 먼저 고려해야 할 것들

스마트폰과의 전쟁? 실은 척추와의 전쟁!

배불뚝이 아빠와 엄마의 척추를 우한 육아 비법

부모와의 유대가 아이의 척추를 바로잡는다

● 실천

척추가 건강하기 참 어려운 시대,
아이를 어떻게 키워야 할까요?

코난 도일이 창조한 셜록 홈스는 사람의 외양만으로 출생지나 직업, 습관, 취향 등을 추리해내는 놀라운 통찰력을 보여주는 인물이다. 예를 들어 왼쪽 소매에 묻은 채 마르지 않은 진흙 자국과 한 손에 꽉 쥔 차표를 보고는, 그가 오늘 아침에 말 한 필이 끄는 이륜마차를 타고 질퍽한 길을 한참 내달려 기차를 탔음을 알아맞히는 식이다. 홈스는 그의 파트너 왓슨을 처음 만났을 때도 악수만으로 그가 아프가니스탄에서 왔다는 사실을 알아낸다. 의사 같기도, 군인 같기도 하니 군의관이 확실하고, 피부가 가무잡잡한데 손목은 흰 걸 보니 열대 지방에 다녀온 걸로 보이고, 수척한 얼굴과 병을 앓은 흔적은 큰 고생을 했다는 증거니 이를 조합하면 아프가니스탄에 다녀온 게 확실하다는 것이다. 그야말로 관찰력을 이용한 '신상 털기'의 귀재인 셈이다.

그런데 현실에는 존재하지 않을 법한 이 놀라운 인물에게 실제 모

델이 있었다고 한다. 코난 도일의 의대 시절 은사였던 에든버러 의과대학의 조셉 벨 교수이다. 그는 환자의 증상을 보고 질병은 물론 직업과 성격까지 알아맞히기로 유명했다는데, 그 비결은 바로 관찰이었다. 환자의 증상을 면밀하게 관찰하면 질병에 이르게 한 습관, 생활환경, 직업 등을 추론할 수 있다는 이야기이다.

조셉 벨 교수만큼은 아니어도 모든 의사에게는 다분히 탐정 기질이 있다. 나 역시 누군가의 평소 자세를 유심히 관찰하는 것만으로 그의 척추 건강 상태를 대강 짐작할 수 있다. 척추 형태를 만들어가는 것은 앉고 서고 걷고 달리고 구부리고 눕는 일상의 사소한 움직임이기 때문이다.

평소 자세를 관찰하여 얻을 수 있는 힌트는 또 있다. 잘못된 자세로 척추가 균형을 잃으면 등과 어깨가 구부정해지거나 다리가 휘어 외모

에 대한 자신감이 떨어지고 소심해지기 쉽다. 또한 두뇌로 가는 혈류가 원활하지 못해 집중력이 약해지고 금세 피로해지므로 학업 및 업무 능력에도 문제가 생긴다. 어떤 사람의 평상시 자세를 유심히 살피면 척추 건강 상태는 물론이고 자신감과 집중력, 학업 및 업무 성취 능력, 더 나아가 사회적 성공 여부까지도 가늠할 수 있다는 이야기다. 뒤집어 말하면 자세만 바꿔도 성격과 능력이 달라질 수 있다는 뜻이다.

잘못된 자세가 끼치는 악영향은 어른보다 아이에게 더 치명적이다. 아이들의 척추는 한창 성장 중이라 잘못된 자세로 인해 더 쉽게 변형되기 때문이다. 그런데 안타깝게도 아이들이 바른 자세를 취하기란 여간 어려운 일이 아니다.

지금 당장 우리 아이가 어떤 자세로 있나 살펴보자. 고개를 푹 숙인 채 스마트폰을 들여다보거나, 등을 잔뜩 웅크린 채 책상에 앉아 있거나, 소파에 비스듬히 누워 TV를 보고 있을 것이다. 하나같이 척추가 비명을 내지를 만한 자세들이다.

이러니 우리 아이들의 척추가 위험하다는 경보는 하루가 멀다 하고 쏟아진다. 한 대학병원의 조사 결과에 따르면 허리디스크로 입원한 환자 가운데 20대 미만 청소년 환자가 전체의 10퍼센트를 차지했다고 한다. 목디스크 환자 수가 지난 5년간 매년 증가했고, 특히 10대 청소년 환자가 4.7퍼센트 늘었다는 보도도 있다. 자세와는 직접적 연관이 없긴 해도 청소년 척추측만증 환자가 매년 늘고 있는 추세라는 기사도 심심찮게 보인다. 아이들의 척추 건강에 관한 언론 보도가 다소 과장된 면은 있지만, 과거에 비해 척추 질환으로 병원을 찾는 아이들 수가 늘고 있다는 것은 명백한 사실이다.

척추 퇴행이 노년층에나 해당되는 말이라 생각하면 오산이다. 척추

는 다른 근골격계와 달리 10대 후반부터 퇴행하기 시작한다. 더욱이 스마트폰을 들여다보거나 앉아 있는 시간이 많은 요즘 아이들은 척추 퇴행 속도가 점점 더 빨라질 수밖에 없다. 이런 상황에서 가정은 아이의 척추를 지키는 든든한 안전지대가 되어야 한다. 세상을 탓하면서 어쩔 수 없다고 손 놓고 있어서는 안 된다. 바깥세상이 유해하다면 최소한 가정에서라도 안전한 환경을 조성해줘야 한다.

부모가 아이의 척추 건강에 얼마나 신경 쓰느냐에 따라 아이의 인생이 달라진다는 말은 과장이 아니다. 자세가 바르고 척추가 건강한 아이가 자신감과 리더십, 경쟁력을 갖춘 아이로 자란다. 척추 건강이 아이 신체뿐 아니라 정서, 더 나아가 인생 전반에 어떤 영향을 미치는지 이 책이 충분한 설명이 될 수 있을 거라고 기대한다. 더불어 상식적이고 건강한 양육 태도가 척추 건강과 어떤 관련이 있는지도 알릴 수 있을 거라고 믿는다.

나는 이 책에서 척추전문의로서 권위를 내세우기보다는 세 아이를 키우는 부모로서 느끼는 혼란과 어려움을 솔직하게 털어놓고자 했다. 현실성 없는 의학 처치보다 일상에서 아이들과 부대끼며 만들어가는 꾸준하고 작은 변화가 더 중요하다는 것을 나는 잘 알고 있다. 건강하게 아이 키우기 어려운 시대, 그래도 치열하게 고민하며 노력하는 부모들에게 따뜻한 악수를 건네는 책이 됐으면 좋겠다.

2015년 3월

이동엽

바른 자세가 곧 학습 능력이다

★아이의 성적표만 보지 말고 걷는 모습을 보라 ★아이에게 바른 자세가 전부인 이유 ★오래 앉아 있어봐야 아이의 척추만 병든다 ★책 보는 아이, 무조건 좋아하면 안 된다 ★척추가 좋아하는 공부방은 따로 있다 ★허리 아프다는 아이, 책가방부터 살펴라 ★바깥 놀이로 아이의 척추를 바로 세워라 ★짓궂은 장난이 아이의 척추를 위험에 빠트린다

아이의 성적표만 보지 말고
걷는 모습을 보라

무라카미 하루키의 에세이 「만년필」에는 '꿈처럼 몸에 착 감겨드는 만년필'을 만드는 장인이 등장한다. 그는 만년필을 쓸 사람의 손가락 굵기와 길이, 피부의 기름기를 측정하고 바늘 끝으로 손톱이 얼마나 딱딱한지, 손에 어떤 흉터가 있는지도 기록한다. 그러고는 마지막으로 만년필을 쓸 사람의 척추를 만져보며 이렇게 말한다.

"인간이란 말이에요. 척추뼈 하나하나로 사물을 생각하고 글자를 쓰는 법이에요. 그래서 나는 그 사람의 척추에 딱 맞는 만년필만 만드는 겁니다."

이 대목은 척추전문의인 내게 므척이나 흥미롭다. 인간이 척추로 사물을 생각하고 글자를 쓴다는 장인의 말이 문학적인 암시만은 아니라고 생각하기 때문이다.

우리 몸의 척추는 여러 개의 척추뼈가 블록처럼 위로 차곡차곡 쌓인 형태로 만들어져 있다. 옆에서 봤을 때 곡뼈는 완만한 C자형 곡선을, 목 아래에서 허리까지는 완만한 S자형 곡선을 그리는데, 이는 중력을 견디고 몸의 중심을 잘 잡기 위해서다. 척추뼈 사이에는 뼈들이 서로 부딪쳐도 충격 없이 유연하게 움직일 수 있도록 완충 작용을 하는 디스크가 있다. 근육과 인대는 뼈와 디스크를 둘러싸서 이것들을 안정감 있게 지지해준다.

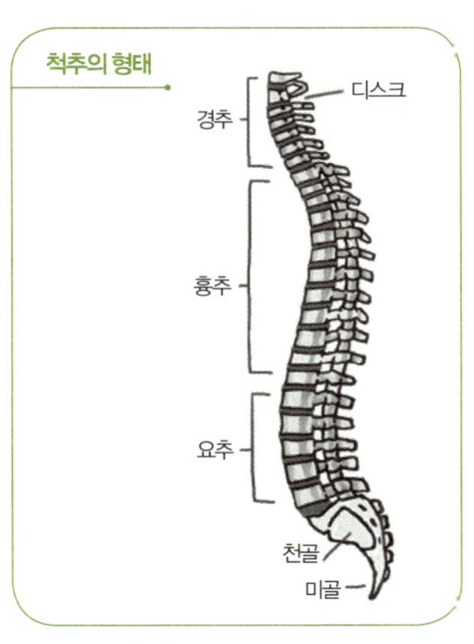

각각의 척추뼈에 있는 구멍은 뇌부터 척추 하부까지 긴 관을 형성하고 있는데 그 안에 척수가 있다. 척수는 전신의 모든 기관을 자율신경으로 연결하여 말초신경의 정보를 두뇌로 보내고 다시 두뇌의 명령을 신체 각 부위에 전달하는 역할을 한다. 그래서 우리는 척수를 '인체의 정보 통신망' 또는 '정보의 고속도로'라 부른다. 척추는 체형 유지와 직립을 가능하게 할 뿐 아니라 척수를 보호하여 우리 신체의 모든 기관이 정상적으로 작동하게 해준다. 즉 척추는 우리의 생명을 유지하는 중추적 역할을 수행하고 있다. 흔히 척추를 '인체의 대들보'라 부르고 '척추가 바로 서야 건강하다'고 말하는 이유가 바로 여기에 있다.

척추의 균형이 깨지면 등과 어깨가 구부정해지고 다리가 휘어 아름다운 몸매와는 거리가 멀어지고, 잦은 통증으로 삶의 질도 떨어진다. 또한 집중력이 약해지고 쉽게 피로해져 공부나 사회생활에서 좋은 성과를 거두기도 어려워진다. 한마디로 척추는 건강, 외모, 사회적 성공 등 우리 삶의 모든 영역에 두루 영향을 미치는 셈이다.

평상시 앉고 서고 걷고 달리고 구부리고 눕는 사소한 움직임이 오랜 시간 모이고 쌓여 척추의 형태를 만들어간다. 척추의 형태를 보면 그 사람이 지금까지 어떤 방식으로 몸을 쓰며 살아왔는지를 알 수 있다. 그런 점에서 나는 하루키의 에세이에 등장하는 '사람은 척추뼈 하나하나로 사물을 생각한다'는 만년필 장인의 말에 100퍼센트 공감한다. 척추뼈 하나하나에는 그 사람이 살아온 삶의 방식과 역사가 담겨 있다. 또한 그 사람이 앞으로 어떻게 살아갈지에 대한 예언도 들어 있다.

그러나 그 예언은 얼마든지 달라질 수 있다. 척추의 현재 상태를 조기에 진단하고 척추 변형을 가져올 만한 일상의 사소한 버릇과 자세를 바로잡을 수만 있다면 말이다. 특히 성장기 아이들의 척추는 얼마

든지 변형이 가능하다. 변화의 가능성이 높다는 것은 성인에 비해 좋아지기도 쉽고, 나빠지기도 쉽다는 것이다. 그래서 아이들의 척추 건강이 중요하다.

부모가 성장기 아이들의 척추 건강에 얼마만큼 신경을 쓰느냐에 따라 아이의 인생이 달라진다. 아이가 성인이 됐을 때 구부정한 등과 어깨에 통증과 피로를 매달고 살 것인지, 등과 허리를 쭉 펴고 활기찬 인생을 살 것인지는 바로 지금, 성장기 척추 건강에 달려 있다.

잘못된 사랑과 관심이 아이의 척추를 망친다

'내 배 아파 낳은 자식'이라고 해서 아이의 모든 것을 꿰고 있는 부모는 없다. 아이가 어릴 때는 일상생활에서 스킨십을 나눌 기회가 많지만, 아이가 초등학교에 입학하고 제 몸을 스스로 관리하기 시작하면 부모가 아이의 신체 변화를 알아채기란 쉽지 않다. 아이가 통증을 호소하면 주의를 기울이겠지만 아이의 척추는 유연해서 이상이 있어도 통증이 거의 없다. 그 때문에 아이의 증세가 눈에 띄게 악화된 후에야 부랴부랴 병원을 찾는 경우가 많다. 대개 "남들이 우리 아이의 어깨가 많이 기울었다고 해서", "학교어서 검사를 받아보라고 해서" 아이를 병원에 데려오는 부모들이 대부분이고, 부모 스스로 아이의 문제를 발견했다는 경우는 많지 않다.

한번은 초등 4학년인 여자아이가 엄마와 함께 병원에 왔다. 얼마 전부터 바지를 살 때마다 양쪽 길이가 서로 달라 이상하게 여기던 차에 어쩌면 아이의 다리에 문제가 있을지도 모른다는 생각이 들어 병원을 찾았다는 것이다. 검사해 보니 아이는 골반이 제 위치에 있지 않고 앞뒤나 좌우로 틀어져 있는 골반부정렬이었다. 이 증상은 한쪽으로만 가방을 메거나 다리를 꼬고 앉는 습관이 있을 때 쉽게 발생한다. 제때 치료하지 않으면 다리 길이가 달라지면서 척추측만증이 나타날 수 있고, 어깨나 허리에 통증이 생기기도 한다. 이 아이도 골반부정렬로 인해 다리 길이가 달라져 바지를 살 때마다 한쪽은 맞고 다른 쪽은 짧았던 것이다.

이처럼 다리 길이가 눈에 띄게 달라질 정도면 아이의 평소 걸음걸이에도 분명 이상이 있었을 텐데 부모는 바지 길이로 소동을 겪기 전까지 이 사실을 전혀 알지 못했다. 부모들이 이렇게 둔감한 것은 아이에 대한 사랑과 관심이 부족해서가 아니라 그 방향이 엉뚱한 곳을 향해 있기 때문이다.

내가 제일 듣기 싫어하는 소리는 "방학 때 다시 올게요"이다. 이 말은 아이에게 척추 질환이 있다는 사실을 확인한 부모가 제일 많이 하는 소리이기도 하다. 아이의 척추 질환을 발견했으면 곧바로 치료를 받게 해야 할 텐데 부모들은 치료 시기를 자꾸 방학으로 미룬다. 다녀야 할 학원, 밀린 공부가 산더미 같아서 학기 중에는 도저히 치료할 엄두도, 시간도 못 낸다는 것이 그 이유이다. 그런 부모들은 아이의 인생에서 무엇이 더 우선시돼야 하는지 전혀 알지 못하는 것 같다.

아이가 유치원에 입학하는 순간부터 부모의 바람은 '건강하게만 자라다오'에서 '공부만 잘해다오'로 바뀐다. 동시에 부모의 관심도 아이의 학업 능력에 집중된다. 아이의 수학 점수, 영어 점수, 반 등수는 줄줄이 꿰고 있어도 평소 걸음걸이가 어떤지는 잘 모른다. 아이가 고개를 쑥 내민 채 삐딱한 자세로 앉아 인터넷 강의를 들어도 공부하고 있다는 사실이 그저 대견한 나머지 자세에는 크게 신경 쓰지 않는다. 책상에 엎드려 자는 아이를 흔들어 깨우면서도 부모가 걱정하는 것은 척추 건강이 아니라 다 마치지 못한 공부이다.

나는 그런 부모가 아니라고 항변하고 싶다면 한번 생각해보라. 근래에 아이의 전신을 유심히 살펴본 적이 한 번이라도 있었는지 말이다. 전신은커녕 아이의 얼굴조차 찬찬히 들여다본 적이 없을지도 모른다. 아이와 대화하면서도 눈을 마주하지 않고 집안일을 계속하거나 TV에서 시선을 떼지 않는 부모가 예상외로 많다. 이러니 아이의 척추가 변형돼도 부모가 모르는 경우가 많을 수밖에 없다.

조기 발견이 중요하다는 소리는 모든 의사가 입버릇처럼 하는 말이지만, 특히 척추 질환에서는 수백 번 강조해도 지나치지 않다. 아이들의 뼈는 유연하고 한창 성장하는 과정이기 때문에 척추 변형이 시작되면 성인보다 더 빨리, 더 심하게 악화된다. 그러나 같은 이유로 아이들의 척추 질환은 성인보다 교정과 치료가 한결 빠르고 쉽다.

그런 의미에서 만 5세부터 12세는 척추 건강의 결정적인 시기라 할 만하다. 성적표가 아이의 미래를 결정짓는 전부는 아니다. 평상시 걸음걸이와 자세에 따라 아이의 평생 건강과 외모, 자신감, 사회성 등이 결정될 수 있다. 지금 자신을 한번 돌아보라. 나는 성적표만 보는 부모인가, 아니면 아이의 걷는 모습을 살피는 부모인가?

척추 질환, 일찍 발견해야 '뼈아픈' 후회가 없다

20대 여성이 어깨가 심하게 기운 증상으로 진료실을 찾았다. 언제부터 그런 증세가 나타났느냐고 물었더니 정확하게 대답하지 못했다. 그런데 중학교에 진학하여 교복을 입기 시작하면서 치마가 계속 한쪽으로만 돌아가고 속옷 끈이나 가방끈도 자꾸 왼쪽으로만 내려가 뭔가 이상하다는 생각은 들었단다. 그래도 일상생활에는 지장이 없고 아프지도 않아서 병원에 올 생각은 하지 못했다. 고등학교 때 친구들이 어깨가 많이 기울었다고 말해주긴 했지만, 그때도 공부하느라 바빠 크게 신경을 쓰지 못했다. 대학교를 졸업하고 취업 면접에서 연거푸 떨어진 뒤에야 비로소 어깨 때문인가 하는 생각에 병원을 찾게 됐다고 했다. 엑스선 검사를 해보니 척추의 기운 각도가 35도가 넘을 만큼 심각한 척추측만증이었다.

척추측만증이란 뒤에서 봤을 때 일자형이어야 할 척추가 S자나 C자 모양으로 휘는 질환이다. 일반적으로 뼈가 한창 자랄 시기인 만 10세 전후로 발병하여 급격하게 변형이 진행되다가 성장이 끝나면 진행이 멈춰지거나 더뎌지는 경향이 있다.

척추측만증은 기울어진 각도가 아주 커지기 전까지는 통증이 거의 없어서 방치되기 쉽다. 하지만 일단 발병하면 뼈의 성장이 끝날 때까지 뼈가 계속 휘어져서 신체의 불균형을 초래하고 자신도 모르게 나쁜 자세를 취하게 되어 디스크와 관절에 압박을 줄 수 있다. 이로 인해 조금만 충격을 받아도 디스크 질환으로 이어지기 쉽고 목과 어깨 및 허리의 통증, 만성피로 등이 나타나기도 한다. 또한 한창 외모에 관심이 높은 사춘기 아이들은 외관상의 문제로 심한 정신적 스트레스를 겪기도 한다.

일반적으로 사람들은 척추측만증의 원인으로 나쁜 자세를 꼽는다. 자세가 나쁘면 척추가 쉽게 휜다는 것이다. 하지만 자세 때문에 생기는 기능성 척추측만증은 흔하지도 않고 그 정도도 심하지 않다. 청소년기에 나타나는 척추측만증은 85퍼센트 이상이 원인을 알 수 없는 특발성 척추측만증이다. 원인도 모르고 통증도 없어서 부모가 관심을 두지 않으면 조기 발견이 무척 어렵다. 물론 척추측만증을 일찍 발견한다고 해서 원인 치료가 가능한 것은 아니지만, 적어도 성장이 끝나기 이전인 만 12세 이전에 발견되면 악화 속도를 늦출 수 있다.

척추측만증은 원인과 증상 정도에 따라 치료 방법이 달라진다. 엑스선 촬영 결과 변형 각도가 10~20도면 별다른 치료 없이 추적 관찰만 하지만, 20~30도면 보조기 사용을 권하고, 30도 이상이면 반드시 보조기를 사용해야 한다. 흔하지는 않지만 척추가 45도 이상 휘면 폐 기능 등에 영향을 미칠 수 있으므로 수술해야 할 수도 있다.

앞에서 이야기한 20대 여성도 처음 증상을 자각한 중학교 때 병원을 찾았더라면 지금처럼 척추가 눈에 띄게 휘어지지 않았을 테고, 비교적 간단한 방법으로 치료받을 수 있었다. 뒤늦게 '뼈아픈 후회'를 하지 않으려면 아이의 척추 성장이 멈출 때까지 아이의 자세와 체형에 지속적으로 관심을 기울여야 한다.

집에서도 진단할 수 있는 척추 건강 판단법

평소 아이의 자세만 자세히 관찰해도 척추의 이상 여부를 알아낼 수 있다. 특히 아이가 서 있거나 걷거나 앉아 있을 때 몸을 웅크리는 버릇이 있다면 등을 웅크린 것인지, 아니던 실제로 척추뼈가 휘어진 것인지 살펴봐야 한다. 정확히 알아보려면 아이의 상의를 벗긴 채 똑바로 서게 한 다음 뒤에서 아이의 어깨 높이를 유심히 본다. 한쪽 어깨가 다른 쪽보다 높거나 한쪽 날개뼈가 눈에 띄게 튀어나왔다면 척추측만증일 가능성이 높다. 척추측만증은 뒤에서 봤을 때 척추가 왼쪽으로 휘는 경우가 가장 흔하므로 오른쪽 어깨와 등이 왼쪽보다 높고 날개뼈도 오른쪽이 더 튀어나오기 쉽다.

그래도 잘 모르겠다면 아이의 상의를 벗긴 채 두 발을 똑바로 모으

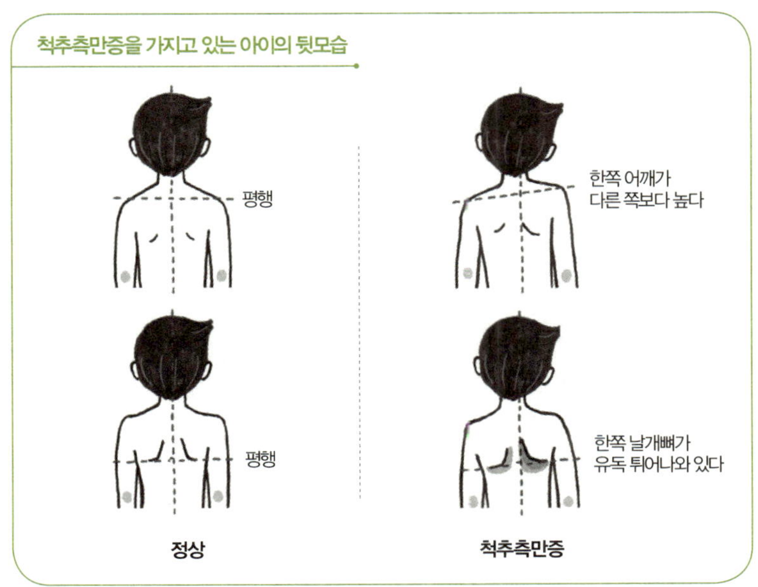

고 무릎은 펴게 한 후 허리를 앞으로 숙이고 양팔을 늘어뜨리게 한다. 아이에게 이 자세를 취하게 한 후 아이의 뒤에서 좌우 균형을 살핀다. 이것을 등심대 검사라고 하는데 척추외과에서도 실시하는 방법이다. 이때 한쪽 등이 더 올라와 있거나 상체를 구부리기 힘들어한다면 척추가 휘어 있을 가능성이 크다. 다만 허리 주변 근육 중 한쪽만 더 발달한 경우에도 이런 현상이 나타날 수 있으므로 정확한 진단을 위해서는 병원을 찾는 것이 좋다.

신발 밑창으로도 아이의 척추 질환 여부를 가늠할 수 있다. 척추측만증은 주로 오른쪽 어깨와 등이 왼쪽보다 높고 허리와 엉덩이는 왼쪽으로 튀어나와 왼다리가 짧아지기 때문에 오른쪽 신발 밑창이 더 빨

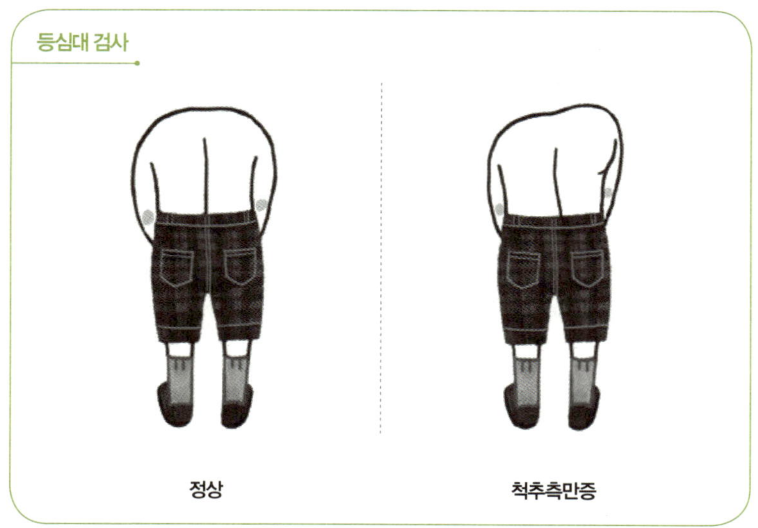

리 닳는 경우가 많다. 척추측만증뿐만 아니라 허리디스크나 요통이 있을 때도 자신도 모르게 더 편한 자세를 취하려다 보니 척추가 비뚤어져 신발 밑창 한쪽이 다른 쪽보다 지나치게 많이 닳게 된다.

아이의 다리 길이를 재보는 방법도 있다. 평평한 바닥에 똑바로 엎드리게 한 다음 양쪽 다리 길이가 같은지 살펴본다. 육안으로 확인될 정도로 한쪽 다리가 다른 쪽보다 짧다면 되도록 빨리 병원 진료를 받게 해야 한다.

아이가 걷는 모습도 유심히 살펴보자. 등을 구부정하게 하고 힘없이 걷거나 발을 질질 끌면서 걷는 경우, 좁은 보폭으로 아장아장 걷거나 뒤뚱거리는 경우, 팔자걸음이나 안짱걸음인 경우에도 척추에 문제가 있을 가능성이 높다.

아이의 전반적인 체형도 잘 관찰해야 한다. 엉덩이가 지나치게 나온 '오리 궁둥이'는 아닌지, 배가 과도하게 불룩 튀어나오지 않았는지 살핀다. 특히 다리의 형태를 주목해야 한다. 다리 모양이 11자가 되게 하여 똑바로 섰을 때 양 무릎이 닿지 않고 벌어지면 O자형 다리, 양 무릎은 닿지만, 안쪽 복사뼈가 서로 닿지 않으면 X자형 다리이다. 이렇게 휜 다리를 방치하면 골반과 허리에 2차 체형 변화가 생기고 나이가 들어서는 퇴행성 관절염으로 고생할 수 있으므로 조기 치료가 중요하다.

아이들의 다리는 갓 태어났을 때 O자 형태를 띠다가 만 2세가 되면 곧은 다리가 된다. 그러다 만 2~6세 무렵에는 살짝 X자 형태가 되고,

이후로는 곧은 다리를 회복하여 성인까지 유지한다. 따라서 만 6세가 넘었는데도 다리 모양이 곧지 않으면 진료를 받아보는 것이 좋다.

때로는 척추와 전혀 관련 없어 보이는 증상이 척추 질환의 징후일 수도 있다. 아이가 오래 앉아 있지 못하고 몸을 배배 꼬는 경우, 특별한 이유 없이 가슴이 답답하다거나 배가 아프다고 호소하는 경우, 조금만 오래 걸어도 다리가 저리고 아프다고 말하는 경우, 목이나 어깨를 비틀면서 '뚝뚝' 소리를 내는 습관이 있는 경우, 자고 일어나면 목뼈가 아프다고 하는 경우에도 병원에 가보는 것이 좋다.

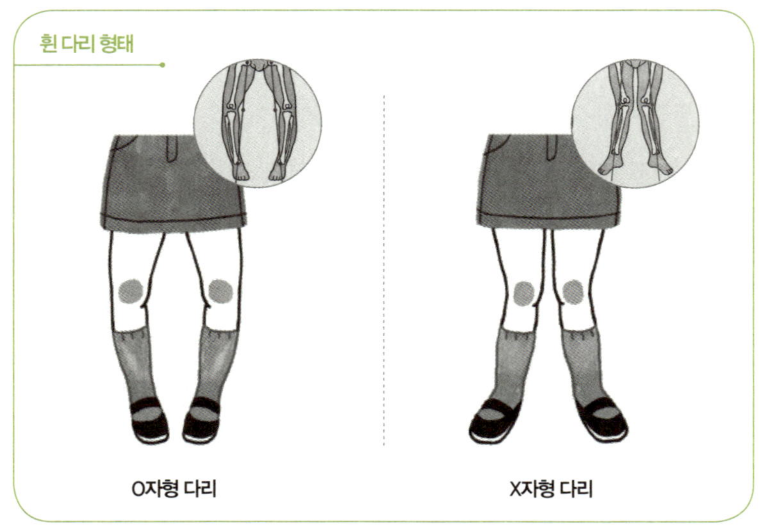

아이에게 바른 자세가
전부인 이유

세 살 자세가
여든까지 간다

엄마가 아이에게 주로 하는 잔소리는 "공부 안 하니?", 아내가 남편에게 주로 하는 잔소리가 "술 좀 그만 마셔"라면 척추외과 전문의들이 입에 달고 있는 잔소리는 "바른 자세를 유지하세요"이다. 그만큼 바른 자세가 척추 건강에 큰 영향을 미치기 때문이다. 아무리 재활 치료를 열심히 받아도 나쁜 자세를 고치지 못하면 치료 경과가 좋을 수 없다. 반면 별다른 치료 없이 자세 교정만으로 좋은 결과를 얻는 경우도 많다.

하지만 사람들은 자세의 중요성에 대해 크게 인식하지 못한다. 허리나 목이 아파 병원을 찾은 환자들에게 통증의 원인이 잘못된 자세에 있다고 하면 오히려 별것 아니라고 생각하며 안심한다. 잘못된 자세야말로 디스크를 유발하고 척추 건강을 해치는 주범이라는 사실을 모르기 때문이다.

척추 질환은 대개 '자세병'이다. 척추는 여러 개의 뼈가 서로 맞물려 있어 자유로운 움직임이 가능하지만 휘거나 틀어지기도 쉽다. 따라서 척추의 본래 형태가 유지되도록 바른 자세를 취하지 않으면 잘못된 자세로 지속적인 압력을 받는 부위의 근육, 인대, 관절, 뼈, 디스크 등에 무리가 가해져 척추 변형이 초래된다. 또는 디스크가 뒤로 밀리면서 목디스크나 허리디스크가 생기기도 한다. 앉고 눕고 서고 걷고 일하는 일상에서 매일 반복하는 자세가 바르지 못하면 거의 매 순간 척추에 무리를 주는 셈이므로 척추 질환이 발생할 수밖에 없다. 다시 말해 바른 자세가 전제되지 않으면 척추 건강은 장담할 수 없다.

모든 척추 질환의 원인이 잘못된 자세에 있다는 이야기는 아니다. 앞에서도 이야기했듯 요즘 아이들에게 많이 나타나는 특발성 척추측만증의 경우에는 원인이 워낙 다양하고 불분명해서 나쁜 자세가 직접적인 원인이라고 말하기는 어렵다. 그러나 바르지 못한 자세가 척추측만증을 악화시키는 요인이라는 것만은 분명한 사실이다. 또한 척추측만증으로 바른 자세를 유지하지 못하면 이차적으로 디스크 같은 척추 질환이 생길 가능성이 커진다.

나쁜 자세는 습관이 되면 교정하기가 여간 어려운 것이 아니다. 특히 어렸을 때부터 습관화된 자세는 더욱 그렇다. 아이들은 척추 질환이 있어도 워낙 유연해서 통증을 못 느끼는 경우가 많으므로 바른 자세의 필요성을 절감하거나 자세를 교정하려는 의지를 갖기도 매우 어렵다.

문제는 성장기일수록 나쁜 자세로 인한 척추 변형 가능성이 더 크다는 것이다. 성인은 이미 성장을 다 끝낸 상태라 나쁜 자세가 척추를 변형시킬 만큼 심각한 악영향을 끼치지는 않는다. 그러나 성장기 아이들은 자세에 따라 척추가 크게 영향받기 때문에 불과 몇 달 사이에 심각한 척추 변형이 일어나기도 한다.

일단 척추가 불균형한 상태로 성장하면 성인이 되어 바른 자세를 취하기가 거의 불가능해진다. 나쁜 자세를 취해야만 편안함을 느끼도록 척추의 형태가 이미 자리를 잡았기 때문이다.

척추가 불균형해도 20대까지는 통증이 없을 수 있지만, 30대가 되면 사정이 달라진다. 처음에는 근육통처럼 통증이 시작되어 점차 심각한 요통으로 발전한다. 또한 노화가 본격적으로 진행되면 근력과 골밀도가 떨어지면서 몸매가 더욱 구부정해지고 퇴행성 척추 질환까지 진행되어 허리뿐만 아니라 다리도 불편해진다. 따라서 바른 자세를 취하는 습관은 어릴 때부터 몸에 배어 있어야 한다.

아이에게 바른 자세가 중요한 또 다른 이유는 집중력과 학습 능력이 자세에서 나오기 때문이다. 아이가 공부에 집중하고 있는지 아닌지는 아이의 머릿속에 들어가보지 않아도 알 수 있다. 책상에 엎드리다시피 앉아 있거나 턱을 괴고 있거나 의자 끝에 걸터앉아 있다면 눈은 책을 향해 있어도 마음은 엉뚱한 곳에 가 있을 가능성이 높다. 반면 등과 허리를 곧게 편 채 바른 자세로 앉아 있다면 공부에 집중하고 있다고 봐도 좋다.

공부에 영 마음을 못 붙이는 아이들에게 "공부하는 자세가 글러먹었다"고 야단치곤 한다. 자세가 바르지 않으면 공부도 못한다는 것은 단순히 공부를 대하는 태도에 관한 문제가 아니다. 바르지 못한 자세는 실제로 집중력을 떨어뜨린다. 집중력은 뇌로 산소가 잘 공급되지 않고 혈액이 원활하게 순환되지 않을 때 떨어진다. 심장과 혈관에 별다른 문제가 없는데도 혈액 순환이 잘 안 된다면 대부분 잘못된 자세 때문이다.

심장에서 뇌로 가는 혈관 가운데 목을 통과하는 혈관은 가장 압박을 받기 쉬워서 목을 조금만 숙이거나 비틀어도 혈관이 구부러진다. 그러면 충분한 양의 혈액이 뇌로 전달되지 못해 뇌 속의 산소와 영양소가 부족해지고 뇌의 신경세포가 스트레스를 받으면서 집중력이 떨어지는 것이다. 지속적으로 나쁜 자세를 취하는 바람에 목뼈가 아예 변형됐다면 목뼈뿐만 아니라 경직된 어깨와 등 근육까지 혈관을 압박하여 뇌로 가는 혈액량은 더욱 부족해진다. 목뼈와 주변 근육이 뇌로 가는 신경까지 압박할 경우에는 두통이 생기기도 한다.

실제로 주변을 돌아보자. 자세 바른 아이치고 공부 못하는 아이가 없고, 자세가 엉망인데 공부 잘하는 아이도 드물다. 굳이 성적표를 확인하지 않아도 책상 앞에 앉은 자세를 보면 아이의 학업 능력이 어느 수준인지 대략 짐작할 수 있다.

흔히 집중력은 정신력이라고 하는데, 집중력이 발휘되는 원리를 과학적으로 살펴보면 정신력의 문제만은 아님을 알 것이다. 아무리 정신력이 강한들 뇌에 혈액이 제대로 공급되지 않는 상황에서 집중력을 발휘할 수는 없는 노릇이다.

따라서 집중력을 키우려면 일단 바른 자세부터 취해야 한다. 혈액순환이 원활하게 이루어지고 혈관을 압박하지 않는 바른 자세를 취하면 집중력은 절로 향상된다. 아이의 자세가 바르지 못하면 제아무리 용하다는 족집게 과외를 시킨대도 '모래 위에 집짓기'일 뿐이다. 바른 자세를 유지하는 것이 학습의 기본이다. 지금 내 아이가 어떤 자세를 취하고 있느냐에 따라 앞으로 받을 성적표는 물론, 나아가 30~40년 인생이 달라진다는 사실을 알아야 한다.

오래 앉아 있어봐야
아이의 척추만 병든다

손님이 오면 "여기에 편히 앉으세요" 하며 가장 편한 자리를 권한다. 하지만 이제 그 인사말이 "여기에 편히 서세요"라고 바뀔지도 모르겠다. 미국과 유럽에는 서서 일하는 '스탠딩 오피스Standing in the Office'가 급속히 늘고 있다. 페이스북이나 구글에서 직원들에게 앉아서 일하는 책상과 서서 일하는 책상을 자유롭게 사용하도록 했는데, 많은 직원이 서서 일하는 책상을 선택했다고 한다. '앉아서 일하는 화이트칼라'에 대한 선망이 강한 우리나라에서도 앉아서 일하는 특권을 스스로 반납하고 서서 일하는 '스탠딩 워크Standing Work'에 대한 관심이 높아지고 있다. 오래 앉아 있으면 수명이 짧아진다는 최근의 연구 결과들 때문이다.

미국암협회가 2010년에 실시한 연구에 따르면, 하루 6시간 이상 앉아 있는 사람이 3시간 이내로 앉아 있는 사람보다 일찍 사망할 가능성이 여성은 37퍼센트, 남성은 18퍼센트 더 높다고 한다. 미국심장학회에서도 오래 앉아 있는 사람이 그렇지 않은 사람보다 사망률이 더 높다는 연구 결과를 발표했다. 미국 페닝튼생물의학연구센터도 앉아 있는 시간을 하루 3시간 이내로 줄이면 기대 수명이 2년 늘어난다고 밝혔다.

도대체 앉아 있는 동안 우리 몸에서 어떤 일이 일어나기에 이런 무시무시한 결과를 초래하는 것일까? 우리 몸은 앉은 지 90초만 지나면 인슐린과 관련된 세포 활동이 눈에 띄게 둔해지기 시작한다. 앉아 있는 시간이 길어질수록 인슐린의 활동이 감소하면서 세포가 포도당을 효과적으로 연소시키지 못하게 되어 비만과 당뇨를 유발한다. 앉아 있는 시간이 30분을 넘어가면 중성지방이 증가한다. 또한 다리로 가는 혈류 속도가 줄어들면서 혈관의 압력이 떨어지고 내피세포 기능 이상, 동맥경화, 심근경색이 발생한다.

심혈관 질환, 뇌혈관 질환, 당뇨병은 우리나라 국민들의 주요 사망원인으로 손꼽힌다. 자리에 앉은 지 30분만 지나면 세 가지 사망 원인이 발생할 가능성이 동시에 상승한다. 그러니 극단적으로 말하면 단지 오래 앉아 있었다는 이유만으로 일찍 죽을 수도 있다는 이야기이다.

척추가 가장 싫어하는 자세는 앉은 자세

오래 앉아 있는 습관은 수명을 단축할 뿐만 아니라 삶의 질을 떨어뜨리는 각종 질환을 유발한다. 대표적인 것이 바로 척추 질환이다. 사람들은 서 있는 자세가 척추에 가장 부담스럽고 해로울 것이라고 생각하는데, 사실은 그렇지 않다. 서 있을 때 척추가 부담해야 하는 무게가 100kg이라면 누워 있을 때는 25kg, 앉아 있을 때는 140kg, 공부나 업무를 위해 앉아서 고개를 숙이는 자세를 취할 때는 무려 185kg에 달한다.

오래 앉아 있으면 허리뼈 하부의 인대와 디스크에 긴장과 압력이 가해지는데, 이런 스트레스가 지속되면 인대와 디스크는 허리를 보호하는 본래 기능을 수행하지 못하게 된다. 또한 척추를 움직이지 않고 가만히 있으면 디스크에 산소와 영양이 잘 공급되지 않아 탄력과 수분을 잃는다. 이로 인해 척추에는 퇴행성 변화가 쉽게 일어나고 작은 충격에도 심각한 손상을 입게 된다. 장시간 앉아 있으면 팔, 다리, 목 등이 결리고 땅기는 느낌이 들어 자신도 모르게 자세를 흐트러뜨리기 쉬운데, 그 결과 척추의 정상적인 S자형 곡선이 왜곡되어 허리디스크나 척추측만증을 일으킬 위험도 커진다.

오래 앉아 있어 발생하는 갖가지 척추 질환은 비단 어른만의 문제가 아니다. 초등 1학년만 해도 매일 40분씩 모두 4~5교시의 수업을 한다. 여기에 학원이나 집에서 앉아 있는 시간까지 포함하면 여덟 살배기도 하루에 족히 6시간은 앉아 있어야 한다는 계산이 나온다. 고등학생이야 두말할 나위도 없다. 아침 자율 학습부터 정규 수업을 거쳐 야간 자율 학습까지 학교 책상에 앉아 있는 시간만으로 10시간이 넘는다. 집에 돌아와 새벽까지 공부하는 상황이라면 하루에 16시간 이상을 앉아 지내는 셈이다. 실로 어마어마한 시간이다. 이러니 척추 질환으로 진료받은 중고생이 5만 3,000여 명에 달한다거나 청소년 척추측만증 환자가 매년 높은 폭으로 상승한다는 뉴스가 심심찮게 보도되는 것이다.

이 모든 문제를 해결할 가장 완벽한 방법은 당연히 덜 앉아 있는 것이다. 서서 일하는 회사원들처럼 우리 아이들도 서서 공부하는 책상과 앉아서 공부하는 책상을 자유로이 선택할 수 있어야 한다. 서서 공부하는 책상을 지원할 여건이 안 된다면 최소한 일어서서 공부할 권리와 30분에 한 번씩 자리에서 일어나 움직일 기회를 줘야 한다. 요즘 학교에서는 졸릴 때 자유롭게 뒤로 나가 서서 수업을 받기도 한다지만 모든 아이들에게 동시에 그런 혜택이 돌아가지는 못할 것이다.

좀 더 현실적이고 실현 가능한 방법은 다음 네 가지이다.

첫째, 반드시 앉아야 한다면 바른 자세로 앉는다. 의자에 앉을 때는 등받이에 허리와 등을 붙이고 깊숙이 앉아야 한다.

둘째, 쉬는 시간마다 자리에서 일어나 가볍게 걷거나 허리 근육을 풀어줘야 한다. 앉은 자리에서 일어나 10분 정도 허리를 돌리거나 교실과 복도를 한 바퀴 걷는 것만으로도 척추와 주변 근육의 피로를 덜 수 있다.

셋째, 대중교통으로 등하교할 때 자리에 앉지 말고 서서 간다. 언뜻 생각하면 좌석에 앉아야 덜 피곤할 것 같지만 천만의 말씀이다. 선 자세로 있어야 척추의 혈액 순환이 원활해지면서 뭉친 근육도 풀어진다. 다만 서 있을 때는 짝다리를 짚지 말고 양쪽 다리에 번갈아 체중을 실어야 척추의 부담이 줄어든다.

넷째, 일상에서 몸을 움직일 기회를 자주 만들어야 한다. 승강기 대신 계단으로 오르내리거나 일부러 위층 화장실을 이용하기만 해도 충분히 운동 효과를 볼 수 있다. 식당이나 화장실에서 줄을 서는 동안 발끝을 올렸다 내렸다 움직이거나, 의자에 앉은 채 다리를 곧게 뻗었다가 천천히 내리는 동작도 근육 이완에 도움이 된다.

한마디로 몸이 산만해야 척추가 건강하다. 한 자세를 오래 유지하지 말고 자주 움직여야 척추에 산소와 영양이 공급되면서 탄력이 유지되기 때문이다. 물론 척추 건강을 위해 공부를 소홀히 할 수는 없는 노릇이다. 수험생에게는 책상 앞에 앉아 있는 시간의 질만큼 양도 중요하다. 그런데 한편으로는 오래 앉아 있는다고 과연 학습 능력까지 높아질까 의문스럽다. 나 자신을 돌이켜보면 책상 앞에 오래 앉아 끙끙거릴 때보다 오히려 책상에서 벗어나 샤워나 산책을 할 때 해결책이 떠오르는 경우가 더 많았다. 때로는 침대에 누워 잠을 청하는 순간에 좋은 생각이 퍼뜩 떠오르기도 했다.

애플의 창업자 스티브 잡스나 페이스북의 창업자 마크 주커버그는 중요한 의사 결정을 할 때 걸으면서 생각하는 것으로 유명하다. 아리스토텔레스와 제자들은 걸으면서 철학을 논해서 일명 '소요학파'라고도 불린다. 최종 학력이 중졸인 아버지가 학교를 자퇴한 두 아들을 직접 가르쳐 서울대와 한양대에 입학시킨 일이 화제가 된 적이 있는데, 그 아버지의 비법이 하루 8시간 걸으면서 공부하는 것이었다. 뉴욕에서 변호사로 일하는 가수 이소은 씨도 고등학생 때 양재천을 달리면서 영어 테이프를 들었던 것이 영어 실력을 향상시키는 데 많은 도움이 됐다고 말했다.

미국 스탠퍼드 대학교에서 발표한 논문을 보면 앉아 있을 때보다 걸을 때 더 창의적으로 생각할 수 있다고 한다. 책상에 가만히 앉아 있을 때보다 천천히 걸을 때 암기력이 더 높아진다는 연구 결과도 있다. 나도 학창 시절에 천천히 걸으면서 공부한 내용을 머릿속으로 한 번 더 정리했는데, 이 방법이 암기에 꽤 효과적이었다.

책상에 오래 앉아 있어야 공부를 잘한다는 생각은 성급한 일반화이자 선입견이다. 특히 아이가 어릴수록 더욱 그렇다. TV에 학습 코칭 전문가라는 사람이 나와서 초등학교 고학년 정도면 한자리에서 4시간은 앉아 공부할 수 있어야 한다고 말하는 걸 본 적이 있다. 겨우 초등학교 5~6학년 아이들에게 4시간 동안 꼼짝 말고 앉아서 공부만 하라니, 그 나이의 아이들을 앉은 채로 4시간 동안 한자리에 붙박아놓는 것은 아동 학대나 마찬가지이다.

아이들은 책상 앞 의자를 벗어나야 더 많이 배운다. 부모와 블록을 하나둘 쌓아가거나 계단을 오르내리며 자연스럽게 덧셈을 배울 수 있다. 부모와 손잡고 어슬렁어슬렁 동네를 산책하거나 달걀판의 달걀 개수를 세어보면서 구구단을 익히기도 한다. 부모의 품속에 안겨 그림책을 보다가 저절로 한글을 뗐다는 아이들도 많다. 주변을 둘러보면 아이가 자연스럽게 배우는 기회를 다양하게 만들어줄 수 있는데, 굳이 고사리손에 연필을 쥐인 채 책상 앞에 억지로 앉혀 공부시킬 이유가 없다. 오히려 그렇게 공부를 강요할수록 아이들은 공부와 점점 멀어진다. 아이들이 한창 공부해야 할 시기에 극심한 반항기를 겪는 것은 너무 어릴 때부터 공부를 시킨 탓에 빨리 지쳐버렸기 때문이라고 주장하는 사람들도 있다. 나 역시 그 의견에 전적으로 동의한다.

우리 집 거실에는 제법 두툼한 매트가 깔려 있다. 아이가 셋이나 되다 보니 층간 소음 방지용으로 깔아둔 것이다. 우리 아이들은 이 매트 위에서 뒹굴고 어슬렁거리면서 하루를 보낸다. 아이들의 공간에 반드시 책상과 의자가 있어야 하는 것은 아니다. 오히려 아이들의 공간은 텅 비어 있어야 한다. 텅 빈 자리를 아이들은 알아서 채운다. 아이들의 창의력, 상상력, 집중력은 의자라는 감옥에서 해방될 때 자란다. 물론 척추 건강도 덤으로 따라온다.

책 보는 아이,
무조건 좋아하면 안 된다

아이가 책을 읽는 동안
척추는 울고 있을지 모른다

우리 아이들은 또래보다 한글을 늦게 뗐다. 굳이 한글을 일찍 가르칠 필요가 있을까 싶기도 했고, 글자를 배우는 것이 오히려 상상력을 해칠 수 있다고 생각했기 때문이다. 큰아이는 한글을 완벽하게 떼지 않은 채 초등학교에 들어갔는데, 입학식 이튿날부터 알림장을 받아써야 하는 줄은 꿈에도 몰랐기에 가능한 일이었다. 큰아이 때 시행착오를 겪은 덕분에 둘째는 큰아이보다 조금 빠른 여섯 살에 한글을 뗐고, 막내는 형과 누나의 어깨너머를 기웃대다가 다섯 살에 스스로 글자를 깨쳤다.

아이들에게 글자를 가르치지 않았으니 책은 늘 아내나 내가 읽어줘야 했다. 세상 모든 아이가 다 그렇듯 우리 아이들도 같은 책을 반복해서 읽는 걸 좋아했다. 같은 이야기를 열 번이고 스무 번이고 되풀이해 들으면서도 매번 눈을 반짝이는 아이들이 어찌나 사랑스럽던지 지치지도 않고 책을 읽어주고 또 읽어줬다고 말할 수 있으면 좋겠지만, 사실은 그렇지 못했다.

큰아이에게 수십 번 넘게 읽어줬던 책을 둘째한테도 읽어주고, 몇 년 후에는 막내에게 또 읽어줘야 했으니 고문도 이런 고문이 없었다. 피곤한 날에는 처음 한두 장만 정성껏 읽어주고는 마지막 장으로 어물쩍 건너뛰기도 했는데, 아이들은 이런 꼼수에 속아 넘어가지 않았다. 아이들이 "아니야, 아니야" 하면서 일부러 빼먹은 대목으로 책장을 다시 넘길 때면 이 녀석들이 글자를 알면서 일부러 나를 골탕 먹이는 건 아닐까 하는 터무니없는 생각이 들기도 했다.

막내까지 한글을 뗀 지금, 세 아이가 옹기종기 모여 독서 삼매경에 빠져 있는 모습을 보니 안 먹어도 배부르다는 말을 절로 실감한다. 그런데 부모 욕심이란 끝이 없는 것인지 저희끼리 스스로 책을 읽는 것까지는 좋은데 책을 보는 자세가 영 마음에 걸린다. 아내나 내가 책을 읽어줄 때는 무릎에 아이들을 앉힌 채로 책을 눈높이까지 들어 올려 보여줬는데, 각자 책을 읽는 지금 아이들은 독서를 하는지 요가를 하는지 모를 희한한 자세를 하고 있다. 거실 바닥이나 소파에 배를 깔고 눕거나, 바닥에 책을 내려놓고 등을 한껏 구부리거나, 책상다리로 앉아 넓적다리 위에 책을 올려놓고 읽는다. 어쩌다 책상 앞에 앉아도 거의 눕다시피 하거나 턱을 괸 자세로 책을 읽기 때문에 못마땅하긴 마찬가지다. 책에 몰입할수록 자세는 점점 나빠진다.

책상에 바른 자세로 앉아 책을 읽는 아이는 교과서 위주로 공부해 서울대에 갔다는 아이만큼이나 드물다. 아이들은 대부분 우리 아이들처럼 연체동물이라도 된 듯 자세를 흐트러뜨린 채 책을 읽는다.

흥미로운 것은 아이가 공부를 하고 있느냐, 책을 보고 있느냐에 따라 부모의 태도가 달라진다는 점이다. 공부할 때는 바른 자세로 앉으라고 잔소리하면서 책을 읽을 때는 아이가 어떤 자세를 취하든 상관하지 않는 부모들이 많다. 아이가 책을 펼쳤다는 사실이 마냥 고마워 자세 교정까지는 엄두를 못 내는 것일 수도 있고, 독서를 일종의 휴식이나 여가로 여겨서 그냥 내버려두는 것일 수도 있다. 이유야 어떻든 독서 자세쯤이야 하고 간과해서는 안 된다. 아이가 책을 읽는 동안 무심코 취하는 나쁜 자세가 척추에는 치명적일 수 있기 때문이다.

바닥에 배를 깔고 누운 채 책을 읽으면 뒷목과 어깨 근육이 머리 무게를 지탱하기 위해 잔뜩 긴장할 뿐만 아니라 허리를 심하게 만곡시켜 디스크 탈출을 유발할 수 있다. 바닥에 책을 내려놓고 고개를 숙인 채 책을 보는 자세도 뒷목과 어깨 근육에 부담을 주고 척추와 골반을 틀어지게 하여 일자목과 디스크의 원인이 된다. 책상에 앉아 턱을 괸 자세로 책을 읽으면 상체를 지탱하기 위해 척추가 휘어지고, 팔짱을 낀 채 읽으면 몸의 균형을 맞추기 위해 무의식적으로 등이 굽는다.

아이와 척추 모두 즐거운
5분 허리 펴기 운동

책을 읽을 때 가장 바람직한 자세는 책상 앞에 바르게 앉는 것이다. 책상과 의자 사이가 멀면 상체가 불안정하져 턱을 괴거나 손으로 머리를 받칠 수 있다. 책상과 아이의 배 사이에 주먹 하나 들어갈 정도의 거리면 적당하다. 의자 끝에 걸터앉으면 무게중심이 허리 아래와 엉덩이 쪽으로 쏠려 디스크가 압박을 받고 요통이 생길 수 있으므로 반드시 등받이에 허리가 닿도록 앉는다.

책상과 의자의 높이는 의자에 앉아 책상 위에 두 팔을 올렸을 때 팔꿈치가 직각을 이루는 정도가 가장 바람직하다. 발 받침대를 쓰면 무릎 높이가 엉덩이보다 높아져 한결 편안한 자세가 된다. 책상 밑에 서랍이나 상자를 놓아두면 다리를 뻗기 힘들어 자연스레 몸이 틀어진다. 따라서 책상 아래는 다리를 자유롭게 뻗을 수 있도록 깨끗하게 비우는 것이 좋다.

무엇보다 등과 엉덩이를 의자 등받이에 밀착시킨 상태에서 등을 구부리거나 고개를 숙이지 않는 것이 중요하다. 그러려면 상판의 각도를 자유로이 조절할 수 있는 책상을 쓰는 것이 좋지만, 일반 책상에서도 책을 똑바로 세워 읽거나 독서대를 사용하면 같은 효과를 얻을 수 있다.

사실 책 읽는 자세를 교정하기란 쉬운 일이 아니다. 한창 책에 빠진 아이를 책상 앞에 끌어다 앉히고 등을 구부리는지 턱을 괴는지 일일이 감시할 수 있는 부모는 없다. 책에 막 집중하려던 아이부터 부모의 잔소리를 못 견딜지 모른다. 책을 읽을 때마다 허리 펴라, 바로 앉아라, 잔소리가 날아온다면 차라리 책을 안 읽고 말지 싶을 테니까 말이다.

그래서 아내와 나는 아이들이 아무리 나쁜 자세로 책을 보고 있어도 잔소리를 하지 않는다. 대신 '책 30분 보고 허리 5분 펴기 운동'을 실천하고 있다. 아이가 책을 보며 어떤 자세를 취하든 잔소리하지 않되, 30분에 한 번은 자리에서 일어나 움직이게 하는 것이다. "우리 맨손체조 한 번 할까?", "잠깐 과일 좀 먹을까?" 하면서 자연스럽게 분위기를 전환해 아이들이 자리에서 일어나게 한다.

물론 30분을 못 채우고 집중력이 바닥나 자발적으로 책을 덮는 아이들도 많을 것이다. 이런 경우에는 아이를 꾸중할 게 아니라 부모의 수고를 덜어줘서 고맙다고 해야 한다. 제아무리 보배 같은 지식을 담고 있는 책이라도 척추 건강과 바꿀 만큼 중요하지는 않다.

가끔 아이들에게 지금 읽는 책을 소리 내어 읽어달라고 할 때가 있다. 아이들의 책 읽는 자세가 하도 볼만해 '5분 허리 펴기' 차원에서 시키는 경우도 있고, 아이들이 요새 어떤 책을 읽는지 궁금해서 시키는 경우도 있다. 아이들은 신나서 기꺼이 책을 읽어준다. 제법 의젓한 자세로 또박또박 읽는 아이들을 보고 있자니 책 한 권 뽑아 들고는 읽어달라며 엉덩이부터 들이밀던 시절이 과연 있었나 싶다.

아이들이 어릴 때 책을 읽어주기가 너무 지겨워 녹음해 들려주면 어떨까 생각한 적이 있다. 하지만 아이들에게 책을 읽어준다는 것은 내용을 전달하는 행위 이상이라며 아내가 반대했다. 아이들과 교감을 나누고 스킨십을 할 기회가 바로 책 읽어주는 시간이라는 것이다.

아이들이 책을 읽어달라고 더는 조르지 않게 되자 비로소 아내의 말을 이해한다. 매번 같은 대목에서 "우와" 감탄사를 내뱉으며 나를 올려다보던 작고 반짝이는 눈동자, 글자를 모르면서도 용케 내용에 맞춰 책장을 넘기던 고사리손이 그렇다. 내 무릎에 아이들을 앉히고 책을 읽어주던 그때가 다시 못 올 소중하고 따뜻한 시간이었음을 이제는 알겠다.

척추가 좋아하는
공부방은 따로 있다

불편한 의자가
아이에게 가장 좋은 의자

중고생 자녀를 둔 부모들은 나에게 어떤 의자가 척추에 좋은 의자냐고 많이 묻는다. 진료실에서 내가 어떤 의자를 쓰는지 고개를 빼고 건너다보는 분들도 있다. 사실 내 진료 의자는 조금 희한하게 생겼다. 등받이는 없고 무릎 지지대가 있어 마치 말 등에 올라탄 것처럼 허리를 꼿꼿하게 펴고 앉게끔 설계된 의자로 흔히 '무릎 의자'라 불린다. 얼마 전에 디스크가 있다는 걸 발견하면서부터 쓰게 된 의자인데, 처음에는 어색하고 불편하더니 익숙해지니까 꽤 쓸 만해서 집에도 들여놓았다.

이 의자의 가장 큰 장점은 허리를 쫙 펴고 바른 자세로 앉도록 도와준다는 것이다. 엉덩이가 앞으로 쏠린 상태에서 무릎을 굽히고 앉기 때문에 허리를 구부리려 해도 구부릴 수 없다. 무엇보다 아무리 버티려고 해도 1시간 이상 앉아 있을 수가 없다.

오래 앉을 수 없는 의자가 좋은 의자냐고 반문할지 모르겠다. 불편한 의자는 좋은 의자이다. 사람들이 선호하는 편안하고 안락한 의자는 절대 좋은 의자가 아니다. 척추 건강은 앉아 있는 시간과 반비례한다. 그러니 무릎 의자처럼 오래 앉아 있을 수 없도록 만들어진 의자가 정말로 좋은 의자인 셈이다.

다만 무릎 의자는 일반 의자보다 무릎을 굽히는 각도가 크고 체중이 무릎에 실리는 구조라서 무릎이 약하거나 뚱뚱한 사람에게는 바람직하지 않다. 허리를 앞으로 구부릴 수 없어서 공부용 의자로도 적당하지 않다. 이 의자는 컴퓨터용으로 쓰는 것이 가장 적절하다. 컴퓨터를 사용하다 보면 턱을 괴거나 비스듬히 앉는 등 자세가 흐트러지기 쉬운데, 무릎 의자에 앉으면 강제적으로 허리를 꼿꼿하게 펴고 있어야 하니 바른 자세를 유지할 수 있다. 무엇보다 좋은 점은 제아무리 게임이나 인터넷에 중독된 아이라 해도 40분에 한 번꼴로는 일어나야 한다는 것이다. 척추 건강과 정신 건강을 동시에 지킬 수 있는 의자인 셈이다.

어느 척추전문병원에서 개발한 척추교정용 의자는 어떠냐고 묻는 분들도 많다. 등받이와 팔걸이를 없앤 대신 가슴받이를 장착하여 자세 교정 효과를 노렸다는 제품인데, 사실 나는 이 의자의 효능에 다소 회의적이다. 일단 공부용 의자로 사용하기에 너무 불편하다. 또한 자세를 교정하려면 가슴만 지지할 것이 아니라 허리를 펴줘야 하는데 등받이가 없다 보니 이런 역할을 하지 못한다.

최근에는 책상에 붙이는 가슴받이 패드도 판매되는 모양이다. 척추 교정용 의자처럼 등을 구부리지 못하게 하여 자세를 교정해준다지만, 이것도 허리를 펴게 해주지는 못한다는 점에서 척추에 큰 도움은 되지 않는다.

그렇다면 아이의 공부용 의자로는 어떤 제품이 가장 바람직할까? 필기를 할 때 상체가 기울어지기 때문에 의자에 등받이가 있어도 소용없다고 말하는 사람들이 있다. 하지만 등받이나 팔걸이는 척추의 부담을 줄여주므로 분명 도움이 된다. 등받이는 등을 자연스럽게 감싸주면서 허리 부분이 움푹 들어가 있어야 하고, 각도는 110도 정도가 적당하다. 팔걸이는 아이의 체형에 맞게 높낮이를 조절할 수 있는 것이 좋다.

의자의 바닥은 재질이나 쿠션보다 체중을 양쪽 엉덩이에 고루 분산시키는지를 살펴야 한다. 아이가 의자에 앉았을 때 엉덩이의 굴곡이 바닥과 편안하게 맞는 느낌이면 된다. 회전의자나 바퀴가 달린 의자는 아이를 산만하게 만들고 자칫 안전사고로 이어질 수 있으므로 피하는 것이 좋다.

값비싼 기능성 의자에 앉아 연달아 3시간을 공부하느니 다소 불편한 의자라도 1시간마다 일어나 가볍게 몸을 풀며 공부하는 것이 더 효과적이다. 그런 점에서 나는 세상에서 가장 좋은 의자는 특정 브랜드 제품이 아니라 '1시간마다 일어서게 하는 의자'라고 생각한다. 지금 아이가 어떤 의자에 앉아 있든 오래 앉아 있지만 않는다면 그것이 가장 좋은 의자이다.

아이의 체형에 맞는 가구가 바른 자세를 만든다

의자의 형태도 살펴야겠지만 무엇보다 아이의 몸에 잘 맞는 의자를 고르는 것이 가장 중요하다. 유치원 아이들도 자연스럽게 컴퓨터를 쓰는 시대이다 보니 아빠 의자에 매달리다시피 모니터 앞에 앉아 있는 모습을 자주 보게 된다. 그럴 때면 나도 모르게 '아이고, 몇 년 후에는 저 녀석을 진료실에서 보겠구나' 하고 혀를 차게 된다. 몸에 맞지 않는 의자에 장시간 앉아 있는 습관은 척추에 그만큼 치명적이기 때문이다.

의자가 너무 높아 발이 바닥에 닿지 않으면 척추에 체중이 지나치게 많이 실린다. 반대로 의자가 낮고 책상이 높은 경우에는 팔을 들어 올려야 하므로 승모근에 힘을 주게 된다. 이는 어깨 통증과 두통을 유발하며 목뼈 주변의 인대나 근육에 부담을 주어 디스크가 오기 쉽다. 따라서 의자의 높이는 무릎을 90도로 굽혀 앉았을 때 발이 바닥에 닿고 무릎과 엉덩이가 같은 높이에 있게 하며, 책상에 손을 얹었을 때 팔꿈치가 자연스럽게 90도를 이루는 정도가 바람직하다.

의자가 너무 깊으면 허리가 등받이에 닿지 않고, 반대로 너무 얕으면 체중이 분산되지 않는다. 따라서 의자의 깊이도 아이의 체형에 잘 맞아야 한다. 등받이에 허리를 붙이고 앉았을 때 오금, 즉 무릎 뒤쪽이 의자 앞부분에 약간 닿는 정도면 적당하다.

요즘에는 아이의 성장 속도에 맞춰 높낮이를 조절할 수 있는 가구가 많이 판매되고 있다. 우리 아이들도 체형에 따라 높낮이가 조절되는 책상과 의자를 사용하는데 가격이 만만치 않아 선뜻 구매하기는 힘들었다. 하지만 한 번 사면 고등학교를 졸업할 때까지 쓸 수 있을 것 같아 큰마음 먹고 구매했고, 여러 달 지켜본 결과 잘 샀다는 생각이 든다.

무엇보다 책상 상판의 각도를 조절할 수 있다는 점이 마음에 들었다. 앉는 자세가 중요하다는 점이 강조되다 보니 의자에만 신경 쓰고 책상에는 무관심한 부모가 많다. 그러나 제아무리 고가의 기능성 의자라 해도 책상이 받쳐주지 않으면 그 효과가 제한적일 수밖에 없다.

아이가 책을 읽거나 공부를 할 때 어떤 자세를 취하는지 떠올려보자. 대개 목과 등을 책상 쪽으로 구부리거나 허리는 펴고 있어도 목을 잔뜩 숙이고 있다. 이런 경우 아무리 의자가 좋아도 아이의 척추를 펴게 할 재간이 없다. 책상 상판이 비스듬히 세워지면 아이가 의자 등받이에 기댄 채로도 필기나 독서를 할 수 있어 척추에 부담이 덜 가게 된다.

그렇다고 높낮이와 상판의 각도를 조절할 수 있는 고가의 가구를 사라는 이야기는 아니다. 핵심은 아이가 쓸 가구는 아이의 몸에 잘 맞아야 한다는 것이다. 현재 아이가 쓰고 있는 가구에 약간의 아이디어를 보태면 아이 몸에 잘 맞고 척추 부담도 덜어주는 가구로 변신시킬 수 있다. 예를 들어 상판의 각도가 조절되지 않는 책상이라면 노트북 받침대나 독서대를 사용하면 된다. 허리를 펴고 앉은 아이의 몸 쪽으로 책이 올라오도록 조절할 수 있으면 된다. 굳이 고가의 기능성 가구를 사지 않아도 마트에서 산 독서대로 같은 효과를 누릴 수 있다.

의자나 책상에 높낮이 조절 기능이 없다면 발 받침대가 도움이 된다. 의자가 너무 높아 발이 바닥에 닿지 않거나, 의자에 비해 책상이 높아 아이가 의자 끝에 걸터앉아야 할 때 발 받침대를 사용하면 한결 안정감 있게 앉을 수 있다. 등받이가 없거나 각도를 조절할 수 없는 의자는 허리 뒤쪽으로 수건을 말아 대주거나 쿠션을 대주면 편안한 자세를 취할 수 있다. 앉은뱅이책상은 척추는 물론 골반과 다리에도 부담을 주기 때문에 되도록 피하는 것이 좋지만, 꼭 사용해야 한다면 좌식 등받이 의자와 독서대를 함께 쓰면 좋다.

그러나 아이의 몸에 잘 맞는 가구라 할지라도 오래 앉아 있으면 해롭다는 사실은 늘 명심하고 있어야 한다. 흔히 공부는 '엉덩이 힘'으로 한다고들 한다. 진득하게 앉아 공부해야 성적이 오른다는 말이다. 하지만 엄밀하게 말하면 공부는 '엉덩이 힘'이 아니라 '척추의 힘'으로 하는 것이다. 그리고 척추의 힘을 유지하려면 오래 앉아 있어서는 안 된다.

엄마 곁이
가장 좋은 공부방

그러나 아이가 초등학생이라면 굳이 공부방을 만들어 오래 앉혀둘 필요가 있을까. 우리 아이들만 해도 값비싼 책걸상을 사줬건만 정작 책상 앞에 앉아 있는 시간은 얼마 되지 않는다. 책은 무조건 거실에서 읽고, 공부도 거실 탁자나 마룻바닥, 식탁 위에서 한다. 이런 식으로 공부하면 자세가 흐트러져 걱정이긴 하지만, 아직까지는 공부 시간이 길지 않아 괜찮다고 생각한다.

멀쩡한 공부방을 두고 식탁이나 거실 탁자를 전전하며 공부하는 아이들이 의외로 많다. 돌아보면 나도 어린 시절에는 그렇게 공부했다. 혼자 공부방에 앉아 있으면 어쩐지 식구들과 동떨어져 있다는 생각이 들었기 때문이다. 실제로 아이들은 엄마의 기척이 있어야 안정감이 느껴져 공부에 집중한다고 한다. 조용한 공부방에 앉아 있어야 집중이 잘될 것 같지만, 사실은 엄마가 도마질하는 소리나 슬리퍼 끌며 이리저리 움직이는 소리가 들려야 마음 편히 공부할 수 있다는 것이다.

그러니 아이의 공부방에 과하게 공들일 이유가 없다. 오히려 공부방에 고가의 가구를 들여놓으면 본전 생각이 나서 자꾸만 아이에게 잔소리를 늘어놓게 된다. 아이가 책을 보고 있는 곳이 바로 아이의 공부방이다. 어차피 아이들은 사춘기가 되면 제 방에만 틀어박혀 있을 것이다. 엄마의 기척에 안정감을 느끼기는커녕 불안함을 느끼게 될 날이 머지않았다. 그럴듯한 공부방은 그때 만들어줘도 늦지 않다.

허리 아프다는 아이,
책가방부터 살펴라

"원장님, 초등학생한테도 요통이 있나요?"

학부모를 대상으로 강연할 때면 종종 이런 질문을 받는다. 요통은 나이 든 사람들한테만 있는 줄 알았는데, 초등학생인 자녀가 허리 아프다고 하니 어찌된 영문인지 모르겠다는 것이다. 당연히 초등학생도 허리가 아플 수 있다. 자세한 원인은 개인마다 진찰을 해야 알 수 있지만, 아이의 무거운 책가방도 요통을 부추기는 원인 중 하나이다.

한 조사를 보면 체중의 10퍼센트를 넘는 무거운 책가방을 들고 다니는 초등학생 중 절반 이상이 요통을 경험한다고 한다. 책가방을 무겁게 메면 몸이 뒤로 넘어가지 않도록 자신도 모르게 목을 앞으로 빼면서 상체를 숙이고 어깨를 안으로 굽히게 된다. 이 자세를 오래 취하면 어깨와 등, 허리에 무리가 가고 통증이 생길 수 있다. 또한 가방을 메지 않았을 때도 목을 앞으로 빼고 등을 구부린 자세로 걷는 습관이 몸에 밸 수 있다. 증상이 더 심해지면 일자목이나 척추 변형이 생길 위험도 있는데, 일단 일자목이 진행되면 목뒤, 어깨, 허리에 통증이 오고 집중력이 떨어진다. 그까짓 가방 좀 무겁다고 큰일이야 날까 하다가 큰코다칠 수 있다는 말이다.

아이의 가방은 무조건 가벼워야 한다. 가방 무게가 아이 체중의 10퍼센트를 넘기지 않도록 교과서나 학용품 등은 학교 사물함에 보관하고 꼭 필요한 소지품만 갖고 다니도록 지도해야 한다.

요즘은 바퀴 달린 트렁크식 책가방을 끌고 다니는 아이들도 부쩍 늘었다. 미국 로스쿨 학생들이 무거운 전공 서적을 트렁크에 넣어 끈다는 이야기는 들어봤지만, 열 살도 안 된 아이들이 벌써 트렁크를 끌고 다니는 날이 올 줄은 몰랐다. 부모들은 무거운 가방을 메고 다니느니 트렁크를 끄는 편이 나을 거라고 생각하겠지만 사실 그렇지만도 않다. 아이가 느끼는 무게감은 덜할지 몰라도 트렁크를 한쪽으로 끌고 다니는 습관은 아이 몸의 좌우 균형을 해쳐서 척추에 부담을 준다.

보조 가방도 몸의 한쪽으로만 무게를 지탱해야 하므로 좋은 대안이 아니다. 보조 가방을 정 쥐여주려면 양쪽 손으로 번갈아 들게 해야 하는데, 아이가 의식적으로 그런 노력을 기울이기란 쉽지 않다.

가방을 메는 습관도 척추에 지대한 영향을 미친다. 중고생, 특히 여학생 중에는 배낭의 한쪽 끈은 어깨에 메고 나머지 한쪽 끈은 느슨하게 팔에 걸치고 다니는 아이들이 많다. 이런 스타일이 아이들 사이에서 유행인지는 모르겠지만 척추에는 매우 나쁜 습관이다. 양쪽 가방끈의 길이가 다르면 한쪽 어깨로만 가방 무게가 전달되어 좌우 어깨높이가 달라지고 척추 변형이 일어날 수 있다. 가방이 무거울수록 가방 양쪽의 끈 길이를 같게 맞춰 양어깨에 무게가 고루 분산되도록 해야 한다. 정 유행을 포기하지 못하겠다면 가방을 한쪽 어깨로만 메지 말고 양쪽 어깨에 번갈아 메기라도 해야 한다.

어떤 아이들은 가방을 엉덩이까지 길게 늘어뜨려 메기도 한다. 이렇게 가방끈을 너무 길게 잡으면 무게중심이 뒤로 쏠리면서 척추의 굴곡이 비정상적으로 변형되기 쉽다. 남학생은 활동하기 편하도록 가방끈

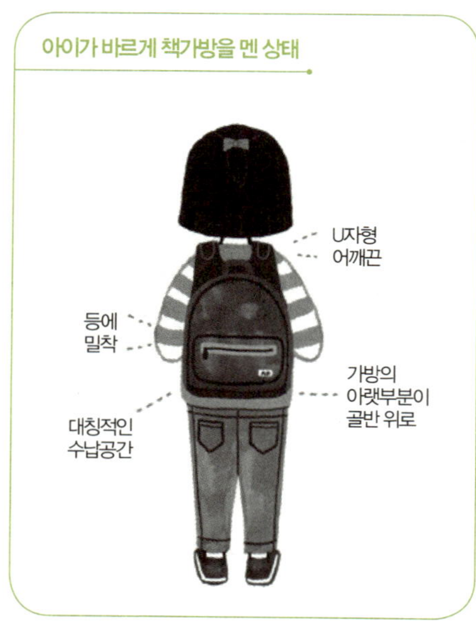

을 바짝 조여 다니기도 하는데, 가방끈이 너무 짧아도 어깨 통증을 유발할 수 있다. 가방의 아랫부분이 골반보다 살짝 위에 위치하도록 끈 길이를 조절하고 가방은 등에 밀착된 상태가 가장 바람직하다.

가방 안에 짐을 넣을 때는 좌우 무게가 비슷하도록 균형을 맞춰준다. 물병은 가방 한쪽에 꽂지 말고 잘 밀폐되는 물병을 가방 한가운데에 넣어줘야 한다. 가벼운 무게라도 매일 한쪽에만 무게가 실리면 척추에 부담이 될 수 있기 때문이다.

아이의 척추를 건강하게 만들어주는 책가방

중고생들의 값비싼 겨울 점퍼가 등골 브레이커(부모의 등골을 휘게 할 만큼 고가의 상품을 일컫는 말)'로 불리며 세간의 시선을 끌었는데, 요즘에는 초등학생들의 책가방이 새로운 '등골 브레이커'로 떠오르고 있다. 아이의 가방 하나가 10~20만 원, 심지어 일본에서 건너온 책가방은 30만 원을 호가한다고 한다. 아이가 기죽을까 봐 무리해서라도 고가의 책가방을 사준다는데, 사실은 아이가 아니라 부모의 허영심이 문제는 아닐지 생각해볼 일이다. 그리고 이렇게 값나가는 책가방들이 아이의 척추에는 그만한 값어치를 하지도 않는다.

초등학생의 가방을 선택하는 첫 번째 기준은 무게여야 한다. 가방의 소재와 모양에 따라 무게가 달라지므로 단순히 보기 좋은 것만 따져서는 안 된다. 가령 에나멜 소재는 반짝반짝 예쁠지 몰라도 무게가 상당해서 책 몇 권만 넣어도 아이 체중의 10퍼센트를 훌쩍 넘긴다. 흐물흐물한 나일론 소재의 가방은 무게가 가벼워도 아이의 등을 받쳐주지 못하므로 좋지 않다. 등과 맞닿는 부분이 두툼하고 쿠션이 좋아야 가방을 멨을 때 안정적이고 등과 허리에 부담이 가지 않는다.

가방의 크기가 너무 커서도 안 된다. 커다란 가방을 지탱하느라 자세가 구부정해질 수 있기 때문이다. 어차피 고학년이 되면 가방을 바꾸는 경우가 많으니 처음부터 너무 큰 가방을 살 필요는 없다. 가방끈의 넓이와 모양도 잘 살펴야 한다. 가방끈이 너무 가늘면 무게를 지탱하는 면적이 좁아 어깨 통증을 유발하기 쉽다. 가방끈이 어깨 곡선을 따라 U자형으로 디자인된 가방은 무게가 양쪽 어깨와 등, 허리, 엉덩이에 고루 분산되어 척추의 부담을 덜어준다.

가방의 수납공간도 잘 살펴야 한다. 수납공간이 좌우 비대칭으로 디자인된 가방은 내용물을 채웠을 때 가방의 좌우 무게가 달라져 어깨가 기울어질 수 있다. 따라서 가방 안에 내용물을 많이 넣어도 형태가 유지되면서 무게가 한쪽으로 쏠리지 않는 제품을 고르는 것이 좋다.

무거운 책가방을 어깨에 멘 채 걸어가는 아이들의 뒷모습은 왠지 짠하다. 너무도 어린 나이에 감당하기 어려운 삶의 무게를 짊어지고 있는 것 같아서이다. 공부 잘하는 아이가 돼야 한다는 부담감, 부모의 지나친 기대와 간섭, 꽉꽉 들어찬 학원 일정으로 인한 피로와 슬픔 같은 것들이 아이들의 어깨에 잔뜩 대달려 있다. 그 무게는 아무리 예쁘고 좋은 가방을 사준대도 덜어낼 수 없다. 아이의 마음이 가벼워지지 않는 한 절대 사라지지 않을 무게이다.

부모가 아이의 가방 무게를 덜어주는 것도 중요하지만, 그보다 먼저 아이의 마음이 무겁지 않도록 보살펴줘야 한다. 무거운 책가방을 메고 집을 나서는 아이에게 수업 중에 딴짓하지 말라는 소리, 학원 빼먹지 말라는 소리, 공부 열심히 하라는 소리 말고 다른 말을 건네보면 어떨까. "오늘 하루도 친구들이랑 재미있게 지내다 와." "오늘따라 헤어스타일이 진짜 멋진데?" "사랑해." 아이의 얼굴에 웃음이 퍼지는 말, 아이의 어깨가 으쓱해지는 말들이 아이가 짊어진 가방의 무게를 조금은 가볍게 해줄 것이다.

바깥 놀이로
아이의 척추를 바로 세워라

내 어린 시절에는 대문 밖만 나서면 천국이었다. 동네 공터며 골목길마다 공을 차거나 고무줄을 넘거나 소꿉놀이를 하는 아이들로 넘쳐났다. 해가 뉘엿뉘엿 지고 엄마가 저녁밥 먹으라고 부를 때까지 아이들은 정신없이 놀았다. 아이들의 얼굴은 햇볕에 타서 새까맸고 몸은 군살 없이 탄탄했다.

요즘은 아이들이 노는 모습을 도통 볼 수 없다. 피리 부는 사나이가 아이들을 데리고 사라지기라도 한 것처럼 놀이터며 운동장까지 한산하기 그지없다. 아이들이 전부 학원에 가 있기 때문이다. 물론 학원이라고 다 공부만 가르치지는 않는다. 하지만 태권도든 발레든 수영이든 아이들의 입장에서는 뭔가를 배우는 것이지 노는 것은 아니다. 어쩌다 일상을 벗어나 캠핑이나 여행을 가도 아이들은 즐겁지 않다. TV나 게임기가 없고 인터넷도 되지 않는 곳에서는 어떻게 놀아야 할지 모르기 때문이다.

아내의 지인 중에 외동딸을 가진 엄마가 있다. 귀한 딸인지라 엄마 품 안에서 애지중지 키웠는데 마침 아이도 온순한 모범생이었다. 그런데 지난 방학에 영어 연수 겸 미국의 한 캠프에 보냈더니 영 적응을 못 하더란다. 온종일 친구들과 레크리에이션을 하고 뛰노는 프로그램이 어색했기 때문이다. 지친 표정으로 집어 돌아온 아이가 엄마한테 이러더란다. "엄마, 노는 법도 따로 배워야 할 것 같아." 노는 게 오히려 어색하고 힘들다는 아이의 말이 참으로 씁쓸하게 들렸다.

놀 줄 모르는 아이의 척추가 위험하다

언젠가 아내가 요즘 아이들은 과거와 비교하면 생기가 없어 보인다고 말한 적이 있다. 왜 그럴까 생각하는 동안 아내는 아이들의 움직임이 현저히 적어졌다는 것을 알아챘다고 한다. 아이들이 마음껏 활개 치며 뛰놀 환경이 되지 않으니 점점 움직임도 사라지고 성격도 소심해지는 것 같다는 것이다.

일단 주거 환경부터 그렇다. 아파트에서는 층간 소음으로 아랫집에 피해를 줄까 봐 두려워 한창 뛰놀아야 하는 아이에게 조용히 앉아서 놀라고 잔소리하게 된다. 외동아이가 많아지면서 부모의 과보호가 아이의 움직임을 제한하기도 한다. 아침부터 밤까지 부모의 시야 안에서만 움직이게 할뿐더러 행여 다칠까 봐 아이가 조금만 움직여도 지레 겁준다. 그러니 아이들의 입장에서는 몸을 움직이기가 부담스러울 수밖에 없다.

아내는 아이들이 뛰놀 공간을 꼼꼼하게 점검한 뒤 안전한 곳이라는 판단이 들면 아이들이 놀다가 넘어지든 다치든 크게 신경 쓰지 않는 대범한 엄마이다. 아이 셋을 키우다 보면 웬만한 다툼과 부상에는 어쩔 수 없이 초연해진다. 그런데 정작 풀어 키우는 우리 아이들보다 부모가 애지중지 싸안아 키우는 아이들이 다치는 경우가 훨씬 많다. 부모가 쫓아다니며 조심시키는데도 더 많이 넘어지고 더 크게 다친다. 아이들이 자기 몸을 제대로 쓰는 법을 모르기 때문이다.

스키를 처음 타는 사람에게는 가장 먼저 넘어지는 법을 가르친다. 유도에서도 낙법부터 가르친다. 안 넘어지고 안 쓰러지는 법이 아니라 잘 넘어지고 잘 쓰러지는 법을 먼저 배워야 한다. 아이들도 넘어지고 자빠지고 때로는 다치기도 하면서 몸 쓰는 법을 배운다. 그런데 부모가 지나치게 조심시켜 몸을 움직일 기회를 주지 않으면 아이들은 자기 몸을 조정하는 방법을 배우지 못한다.

또한 아이들이 적게 움직이면 건강에 여러 문제가 생기는데 두말할 것 없이 척추 건강에도 빨간불이 켜진다. 일단 적게 움직일수록 비만이 될 가능성이 높다. 운동량이 적기 때문이다. 비만이 되면 몸무게를 부담하느라 척추에는 당연히 무리가 갈 수밖에 없다.

그런데 청소년 척추 환자는 뚱뚱해서가 아니라 말라서 문제인 아이들도 의외로 많다. 운동 부족으로 근력을 키우지 못했기 때문이다. 척추는 어깨 근육, 등 근육, 복근 등 여러 근육으로 둘러싸여 있어 근력이 떨어지면 일상에서 취하는 자세로도 척추가 휘거나 틀어질 위험이 커진다. 일례로 척추측만증이나 휜 다리는 마르고 근력 없는 여학생들에게 많이 나타나는데, 그 정도가 심하지만 않으면 기본적인 체력 단련만으로 증세가 호전될 수 있다.

복근과 엉덩이 근육을 포함한 몸의 중심 근육을 단련하기 위해 모든 아이가 웨이트 트레이닝Weight Training을 해야 한다는 소리가 아니다. 어릴 때부터 밖에서 신나게 뛰놀기만 하면 척추를 건강하게 유지할 정도의 근력은 자연스레 생긴다. 그런데 요즘 실내에서 앉아만 있는 아이들이 워낙 많으니 몸의 중심 근육이 약해져 척추에 문제가 생기는 아이들도 늘고 있는 것이다.

아이들의 바깥 활동이 줄면서 햇볕을 충분하게 못 쬐는 것도 척추 건강을 위협하는 요인 중 하나이다. 뼈의 성장에 필수적인 영양소인 비타민D는 음식을 통해 섭취되기도 하지만 대개 햇빛을 통해 우리 몸에서 합성된다. 그런데 한 연구 결과를 보면 바깥 활동이 점점 줄어든 탓에 우리나라 청소년 가운데 자그마치 78퍼센트가 비타민D 부족이라고 한다. 성장기 아이들에게 비타민D가 부족하면 성장판에 이상이 생기거나 뼈가 약해져 성장 장애로 이어지기 쉽다. 뼈의 변형을 초래하는 구루병을 비롯해 다발성 경화증, 근력 저하 등 다양한 질병에 걸릴 위험도 커진다. 특히 여자아이의 경우 골량 증가 속도가 최고치를 보이는 만 13세 즈음에 비타민D가 부족하면 나이 든 후에 골다공증이 나타날 가능성이 높아진다.

아침에 눈뜨자마자 밖으로 뛰어나가기 바빴던 우리의 어린 시절에는 햇볕을 못 쬐어 비타민D가 부족하다거나 근력이 없어 다리가 휜다는 것은 상상조차 하기 어려운 일이었다. 지금 우리는 아이들을 이렇게 비상식적으로 키우고 있다. 바깥 활동이 안전하지 못하다는 이유로, 아이의 미래를 위해 공부시켜야 한다는 이유로 한창 뛰놀아야 할 아이들을 교실, 학원, 공부방에 가둔 채 키우고 있다.

얼마 전 아내와 함께 안젤라 리 덕워스 Angela Lee Duckworth라는 심리학자가 '성공의 열쇠는 기개grit'라는 주제로 강연한 동영상을 봤다. 그녀는 어려움을 견디고 끝까지 살아남아 목표를 달성하는 사람들에게서 한 가지 공통점을 발견했다고 한다. 바로 기개이다. 기개란 목표를 향해 꾸준히 나아가는 열정과 끈기, 꿈과 미래를 위해 물고 늘어지는 힘을 가리킨다.

기개를 키우는 방법으로는 스탠퍼드 대학교 캐럴 드웩Carol Dweck 박사의 '성장 마인드 세트Growth Mindset라는 개념이 많이 언급된다. 성장 마인드 세트는 대개 '고착 마인드 세트Fixed Mindset'와 함께 이야기된다. 고착 마인드 세트는 자신의 성격이나 능력이 평생 변하지 않는다는 생각이지만, 성장 마인드 세트는 노력에 의해 자질과 재능을 얼마든지 발전시킬 수 있다는 생각이다. 고착 마인드 세트를 가진 사람은 과거의 잘못된 경험이나 상처를 현재까지 잊지 못하고 작은 시련에도 쉽게 포기한다. 반면 성장 마인드 세트를 가진 사람은 실패의 경험을 즐겁고 가슴 뛰는 도전으로 받아들인다. 한마디로 성장 마인드 세트란 노력과 도전을 중시하는 마음가짐인 셈이다.

안젤라 리 덕워스는 이러한 성장 마인드 세트를 가진 사람만이 기개를 키워 성공에 다가갈 수 있다고 말한다. 한 사람이 시련에 좌절하지 않고 열정을 불태우는 데 필요한 것은 재능, 경제적인 여건, 육체적인 조건, 외모가 아니라 '나는 지금과 달라질 수 있다'고 믿는 자신감과 도전 정신이라는 것이다.

나는 캐럴 드웩의 성장 마인드 세트나 안젤라 리 덕워스의 기개가 결국 놀이 경험에서 비롯된다고 생각한다. 아이가 제일 처음 경험하는 실패와 성공은 자기 몸을 통해 이루어진다. 몸을 뒤집고 걸음마를 하고 자전거를 타고 철봉에 매달리고 달리기 시합을 하는, 몸을 통한 경험 말이다. 아이들은 이런 일에 한두 번 실패한다고 쉽게 포기하지 않는다. 걸음마가 마음대로 되지 않는다고, 자전거가 자꾸만 기울어진다고 포기하는 아이를 나는 보지 못했다. 아이들은 넘어지고 쓰러져도 일어선다. 자꾸만 일어선다. 누가 시켜서가 아니라 그냥 자기 몸이 시키기 때문에 그렇게 한다.

오로지 놀이를 통해서만 이러한 자발적 실패와 극복의 경험을 할 수 있다. 그리고 이런 경험을 충분히 한 아이들은 학습이나 사회생활에서 겪게 되는 좌절도 쉽게 극복한다. '넘어져도 다시 일어설 수 있다'는 사실을 자기 온몸을 던져 이미 학습했기 때문이다.

막 걸음마를 뗀 아이를 데리고 공원에 나가보면 알 수 있다. 아이에게 얼마나 놀라운 에너지가 있는지를. 이런 아이가 활기 없고 의욕 없고 소심한 아이, 넘어지면 엄마가 손을 잡고 끌어줘야 일어서는 아이가 되는 데는 그럴 만한 이유가 있다. 아이가 본래 타고난 에너지와 기개를 활짝 펼칠 기회, 마음껏 활개 치며 뛰놀 기회를 빼앗은 대가로 우리가 과연 얼마나 가치 있는 것을 아이들에게 주고 있는지 한번 돌아볼 일이다.

짓궂은 장난이 아이의 척추를
위험에 빠트린다

한때 인터넷에서 '커플 놀이'라는 동영상이 유행한 적이 있다. 남녀가 마주 선 자세에서 여성이 상체를 구부려 양손을 다리 사이로 빼면 이 것을 남성이 잡아당겨 여성의 몸을 한 바퀴를 돌려서는 자기 허리 위로 올리는 영상이다. 아이들에게는 재미있는 구경거리였는지 몰라도 나는 행여나 철없는 아이들이 모방할까 봐 심장이 벌렁벌렁했다. 이런 동작을 따라 하다가 아차 하는 순간 목디스크를 비롯하여 각종 심각한 결과를 초래하기 십상이기 때문이다.

남학생들 사이에서 유행하는 '기절 놀이'도 문제이다. 이 놀이는 친구의 기도나 가슴을 일부러 강하게 압박하여 뇌의 저산소증을 유도해 상대방을 기절시키는 것이다. 하지만 이는 뇌뿐만 아니라 척추로 가는 산소까지 차단하여 척추 기능이 손상될 수 있고, 심하면 사망까지 이를 수 있으므로 절대 '놀이'라 불러서는 안 되는 행동이다. 기절 놀이를 하다가 병원에 실려 가는 학생도 있다고 하니 한순간의 호기심이라기에는 감당해야 할 대가가 너무 크다. 위험을 감수하게 하고 충동적인 행동을 부추기는 호르몬인 테스토스테론이 폭발적으로 분비되는 시기임을 고려해도 요즘 사춘기 아이들의 놀이 문화는 너무 극단적이다.

이에 비하면 부모 세대가 어린 시절에 즐겼던 장난은 애교이다. 그런데 척추전문의가 된 후 내 어린 시절을 되돌아보니 그 시절의 장난도 절대 안전하지 않았다. 일례로 '똥침'이타 불렸던 엉덩이 찌르기는 엉덩관절과 주변 관절에 큰 충격을 주거나 탈장으로 이어질 위험이 있다. 친구가 지나갈 때 은근슬쩍 다리를 거는 장난은 또 어떤가. 넘어진 충격으로 가벼운 찰과상만 입으면 다행이지만, 심하면 손목이나 무릎 관절을 다치거나 이로 인해 성장판이 손상될 가능성도 있다.

친구가 자리에서 일어선 기회를 틈타 의자를 빼는 장난도 많이 쳤다. 대개는 무심코 자리에 앉으려던 친구가 엉덩방아를 찧는 슬랩스틱 코미디로 막을 내리지만, 자칫 잘못하면 척추에 미세한 골절이 발생하여 심각한 의학 드라마로 진행될 수 있다. 어떨 때는 팔로 친구의 목을 휘감고 비트는 헤드록으로 우정을 과시하기도 했다. 하지만 이 장난도 지금 생각하면 아찔하다. 10대 아이들의 뼈는 워낙 유연하여 이런 행동으로도 목뼈가 어긋나거나 신경이 손상될 가능성이 충분하기 때문이다. 말뚝박기도 위험천만한 놀이 중 하나이다. 멀리서 도움닫기를 하여 날아온 사람의 하중이 엎드려 있는 사람의 허리에 고스란히 전해진다. 이 충격이 허리디스크나 척추 골절을 초래할 수 있다.

의자 빼기나 다리 걸기, 헤드록, 말뚝박기 등은 요즘 아이들도 심심찮게 하는 장난의 고전이다. 부모의 입장에서 자신도 어릴 때 즐겼던 장난이니 추억에 젖어 웃어넘기기 쉽지만, 혹시 모를 안전사고에 대비하여 심한 장난은 삼가라고 아이에게 주의시켜야 한다. 특히 아이들은 놀이 분위기에 휩쓸려 그 강도를 조절하기 쉽지 않으므로 부모가 적절히 제어해줄 필요가 있다.

아이는 좋아하지만 척추는 부담스러워하는 곳

아이들이 좋아하는 각종 놀이 시설에서도 안전사고가 일어날 수 있다. 요즘 트램펄린이라는 기구가 유치원생과 초등학생들을 중심으로 인기를 끌고 있다. 나도 어린 시절 동네 공터에 펼쳐진 트램펄린 위에서 해 지는 줄 모르고 놀았던 기억이 있다. 요즘에는 현란한 사이키 조명에 최신 가요를 배경으로 트램펄린을 즐길 수 있는 '방방'이라는 실내 놀이터가 초등학생들의 구미에 딱 맞는 공간으로 자리 잡았다고 한다.

안전하게 이용한다면 트램펄린은 운동 효과가 매우 뛰어난 기구이다. 스프링의 반동을 이용하여 점프하므로 지면에서 뛸 때보다 관절이나 인대에 가해지는 충격이 덜할 뿐만 아니라 하체의 근력을 키우고 척추를 강화하는 데 매우 효과적이다.

하지만 주의해서 놀지 않으면 안전사고가 일어날 위험도 크다. 그러므로 아이들끼리만 방방에 보내지 말고 부모가 직접 시설이 안전한지 먼저 살펴봐야 한다. 한꺼번에 많은 인원이 뛰고 있을 때는 서로 부딪쳐서 다칠 수 있으므로 아이를 잠시 쉬었다가 다시 뛰게 하는 것이 좋다. 안전 요원이 없는 시설에서는 체구가 다른 아이들이 함께 뛰는 경우도 있다. 이런 경우에는 몸집이 큰 아이가 점프할 때 생기는 반동으로 작은 아이들이 중심을 못 잡고 넘어져서 무릎, 발목, 척추 등을 다칠 수 있으므로 주의해서 살펴야 한다.

아이들은 체력이 바닥나는 줄 모르고 정신없이 놀기 쉽다. 지친 상태로 트램펄린 위에서 계속 뛰다 보면 주의력이 약해져 미끄러지기 쉬운데, 이로 인해 인대가 늘어나거나 찢어질 수 있다. 따라서 아이가 트램펄린 위에서 지나치게 오래 뛰지 않도록 부모가 놀이 시간을 조절해줘야 한다. 몸이 날랜 아이들은 트램펄린 위에서 공중제비를 시도하기도 하는데, 전문가한테 안전하게 배우지 않으면 매우 위험한 동작이므로 못 하게 해야 한다.

아이들이 방방보다 더 좋아하는 장소가 바로 워터파크이다. 남녀노소 가리지 않고 많은 사람이 즐겨 이용하는 공간인 만큼 이곳에서도 역시 안전 수칙을 잘 지켜야 한다. 워터파크에서 가장 빈번히 일어나는 사고는 낙상이다. 바닥이 미끄러워 자칫 방심하면 넘어지기 십상인데, 이때 반사적으로 손목으로 바닥을 짚으면서 손목 관절에 손상이 올 수 있다. 낙상 사고를 예방하려면 워터파크 안에서 아이가 뛰거나 장난치지 못하도록 주의시키고 미끄럼 방지 기능이 있는 물놀이 전용 신발을 신기는 것이 좋다.

파도타기나 미끄럼틀 같은 워터파크 내의 놀이 시설을 이용할 때는 빠른 유속에 휩쓸려 주변 사람과 충돌하기 쉽다. 이로 인해 아이가 타박상이나 골절을 입을 수 있으므로 사람들이 지나치게 많을 때는 이용하지 못하도록 해야 한다. 미끄럼틀에서 내려온 후에는 뒤에 내려오는 사람과 충돌하지 않도록 재빨리 자리를 피하도록 한다. 폭포수에서 쏟아지는 대용량의 물도 아이의 연약한 목에는 부담이 된다. 한두 번이야 괜찮지만 아이가 여러 번 반복해서 물벼락을 맞지 않도록 잘 살피는 것이 좋다. 장시간 물놀이를 한 뒤에는 스트레칭으로 근육과 인대를 풀어주고 충분한 휴식 시간을 갖는 것도 잊지 말자.

척추 건강과 관련하여 조심해야 할 장소가 또 있다. 바로 4D 영화관이다. 4D 영화관의 움직이는 의자는 영화를 더욱 생생하게 관람하도록 도와주지만 진동과 움직임이 커서 척추에 부담스럽다. 평소 척추 질환이 있는 사람은 물론 그렇지 않은 사람도 장시간 앉아서 영화를 보다가 갑작스러운 진동에 노출되면 목과 허리를 삐끗할 우려가 있다. 아이와 함께 4D 영화를 볼 때는 미리 가벼운 스트레칭을 한 뒤 착석하고, 등받이에 허리와 엉덩이를 완전히 밀착시킨 바른 자세로 영화를 관람하도록 지도해야 한다. 상영 시간이 긴 영화라면 스크린에서 가까운 좌석은 피하는 것이 좋다. 스크린과의 거리가 가까우면 턱을 치켜들고 목을 과도하게 뒤로 젖힌 자세를 취할 수밖에 없는데, 이 자세는 목뼈에 상당한 부담을 가하기 때문이다.

방방이든 워터파크든 4D 영화관이든 안전 수칙을 잘 지켜야 더욱 즐겁게 이용할 수 있다. 모처럼 아이와 나선 나들이가 병원행으로 이어지지 않으려면 출발 전에 아이에게 안전 수칙을 숙지시키고, 아이가 노는 내내 부모가 곁에서 잘 살펴보는 것이 최선이다.

한눈에 보는 체형 진단법

아이의 평소 체형을 확인하려면 아이의 옆모습을 보면 된다. 아이에게 두 다리를 어깨너비로 자연스럽게 벌리고 똑바로 서라고 한다. 이 모습을 옆에서 봤을 때 귀 중심부, 어깨 끝의 중심부, 골반 중앙, 복사뼈가 일직선상에 있으면 정상 체형이다.

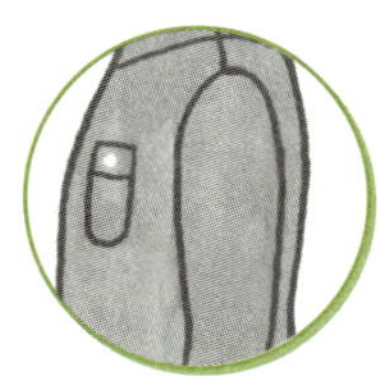

★ 어깨

어깨 중심선이 귀 중심선보다 앞으로 빠져 있으면 어깨가 구부정한 체형이라 볼 수 있다. 평소 등과 어깨를 쫙 편 자세를 유지하도록 지도한다.

★ 목

귀 중심부가 어깨 끝의 중심부보다 앞으로 빠져 있는 경우 일자목일 가능성이 크다. 별다른 통증이 없어도 병원 진료를 받아보는 것이 좋다.

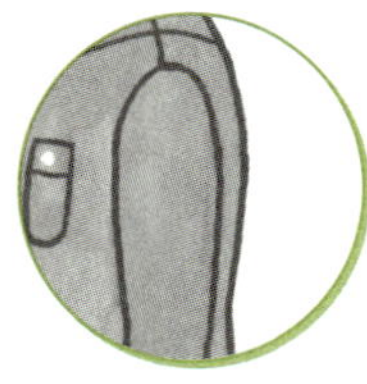

★ 등

등이 엉덩이보다 뒤로 튀어나오거나 등 위쪽 날개뼈 중 어느 한쪽이 더 튀어나오면 척추측만증을 의심할 수 있다.

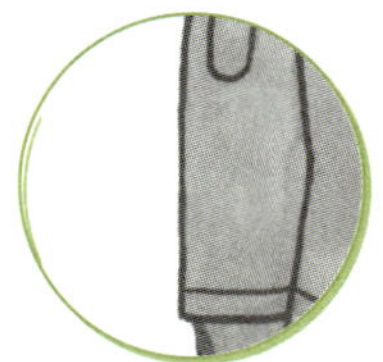

★ 배

복부 비만이어도 배의 무게를 감당하기 위해 척추가 휠 수 있다. 어깨가 구부정한 동시에 배가 앞으로 나온 경우라면 척추전만증일 가능성이 있다.

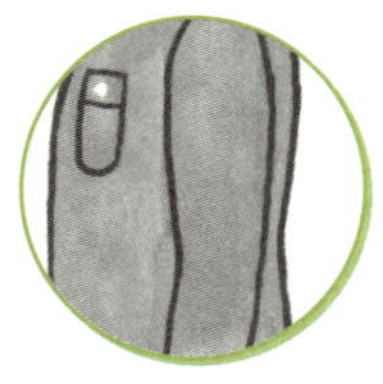

★ 허리

등에서 허리로 이어지는 선이 완만한 S자형 곡선을
유지해야 정상 체형이다.

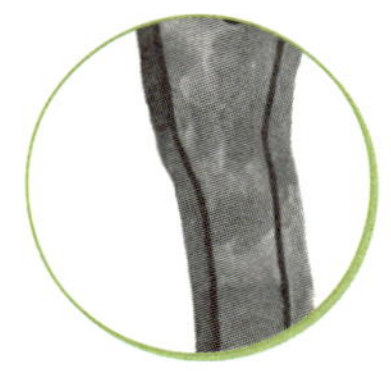

★ 무릎

무릎이 안쪽이나 바깥쪽으로 틀어져 있으면 골반 변
형일 수 있다.

★ 엉덩이

엉덩이가 지나치게 뒤로 빠져 있거나 앞으로 돌출된
경우에도 골반 변형을 의심할 수 있다.

척추 건강 체크리스트

아이에게 다음과 같은 증세가 나타나면 이미 척추 질환이 진행되고 있다는 신호이므로 전문의와 상담한다.

- [ ] 목이 뻣뻣해서 앞뒤 좌우로 목을 자유롭게 움직일 수 없다.

- [ ] 목을 움직일 때 어깨와 팔, 손이 저리거나 손가락 끝까지 찌릿찌릿한 느낌이 있다.

- [ ] 머리가 자주 아프고 가끔 속이 메슥거리기도 한다.

- [ ] 어깨가 뻣뻣하고 결려서 머리를 360도로 돌릴 수 없다.

- [ ] 가방끈이나 브래지어 끈이 한쪽 어깨로 자꾸 흘러내린다.

- [ ] 등이 구부정하고 근육통이 자주 있다.

- [ ] 오래 서 있거나 앉아 있으면 허리가 쑤시듯 아파진다.

- [ ] 좀 무리하면 요통이 도졌다가 쉬면 괜찮아지는 만성 요통에 시달린다.

- [ ] 허리를 앞으로 깊이 숙이거나 뒤로 젖히는 동작이 불가능하다.

- [ ] 다리를 꼬아 앉는 자세가 한쪽으로만 가능하다.

- [ ] 엉덩이 뒤쪽이 무지근하고 골반이 빠질 듯 아프다.

- [ ] 걸을 때 허벅지와 종아리, 발 부위가 저리고 땅기는 증상이 나타난다.

- [ ] 다리가 시리고 감각도 무뎌서 낮은 턱에도 곧잘 걸려 넘어진다.

- [ ] 안짱걸음이나 팔자걸음을 걷는다.

- [ ] 신발 밑창이 유독 한쪽만 빨리 닳는다.

부모의 관심이 아이의 자세를 바로잡는다

★ 부모의 자세가 아이에게 대물림된다 ★ 아이의 자세 매니저가 되어라 ★ 예절 바른 아이가 척추도 바르다 ★ 아이들을 철 지난 웅변 학원에 보내는 이유 ★ 척추외과 전문의는 딸에게 발레를 가르친다 ★ 악기를 가르치기 전에 부모가 먼저 고려해야 할 것들 ★ 스마트폰과의 전쟁? 실은 척추와의 전쟁! ★ 배불뚝이아빠와 엄마의 척추를 위한 육아 비법 ★ 부모와의 유대가 아이의 척추를 바로잡는다

부모의 자세가
아이에게 대물림된다

　목숨을 건 사냥에서 돌아온 원시시대 남성들은 모닥불의 흔들리는 불빛을 고요히 응시하며 흥분을 가라앉히고 피로를 풀면서 내일의 사냥을 준비했다고 한다. 이러한 특성이 남성들의 DNA에 고스란히 새겨진 탓일까, 현대 남성들은 퇴근 후에 TV를 고요히 응시하며 내일을 준비한다. 그러니 어째서 하루 종일 TV만 끼고 있느냐는 아내들의 잔소리는 부당하다. TV 시청은 내일의 사냥, 또 다른 전투를 위해 어쩔 수 없이 치러야 하는 남성들의 경건한 의식이다. 물론 아내에게 이런 논리를 폈다가 내쫓긴대도 나를 원망하지는 말자.

이유야 어떻든 남성들이 TV 시청을 사랑한다는 것만은 확실한 사실이다. 퇴근 후면 소파에 앉아 멍하니 TV를 보다 쓰러져 잠들기 일쑤이고, 휴일에는 좀처럼 TV 앞을 떠나지 않는 바람에 가정불화를 일으키기도 한다. 과도한 TV 사랑으로 발생하는 문제가 한두 가지는 아니겠지만, 척추전문의로서 내가 주목하는 문제점은 두 가지이다. 첫 번째는 잘못된 TV 시청 자세로 인해 척추 변형이 생길 수 있다는 점이고, 두 번째는 이런 아빠의 모습을 아이들이 지켜보고 있다는 점이다.

휴일을 보내는 아빠들의 모습은 비슷하다. 푹신한 소파에 옆으로 길게 누워 TV를 보거나 소파 팔걸이에 머리를 얹은 채 스르르 잠들기도 한다. 이렇게 온종일 소파와 한 몸이 되어 쉬었는데도 이튿날 출근할 때가 되면 어김없이 피곤하다. 푹 쉬었는데도 회복되지 않는 몸 상태를 보며 지나간 세월을 탓하기도 한다.

피로가 회복되지 않는 원인은 나이가 아니라 바르지 못한 자세에 있다. 소파 팔걸이를 베개 삼아 옆으로 누우면 뒤에서 봤을 때 일자형이어야 할 척추가 활처럼 휘게 된다. 소파가 푹신할수록, 팔걸이가 높을수록 척추는 더 많이 휘고 더 심한 스트레스를 받는다. 소파에 비스듬히 누운 자세를 취하는 경우 허리가 받는 압박은 반듯하게 누운 자세의 3배에 달한다. 여기에 턱까지 괴면 턱을 한쪽으로 계속 미는 것과 같은 압력이 가해져 턱관절이 조금씩 틀어진다. 이 자세를 지속적으로 취하면 두통이나 현기증이 생길 수 있고 심한 경우 습관성 턱

탈골, 얼굴 비대칭 등을 초래할 수 있다. 또한 팔베개를 하면 머리 무게 때문에 팔과 손목의 혈액 순환이 원활하지 않아 팔이 저리거나 손목에 통증이 오기도 한다.

소파에 눕지 않고 앉은 채로 TV를 본대도 척추에 부담되기는 마찬가지다. 소파는 보기에는 편안한 것 같아도 실제로는 척추의 피로를 가중시키는 의자이다. 소파는 대체로 다리 부분이 길고 푹신하여 바른 자세로 앉기가 애초에 불가능하다. 소파에 앉아 TV에 장시간 집중하다 보면 자신도 모르게 고개가 앞으로 나오는 자세가 되기 쉬운데, 이때 머리 무게를 감당하기 위해 목뒤 근육과 어깨뼈 사이의 근육이 쉽게 피로해진다. 또한 소파 위에서 책상다리를 하거나 무릎을 세운 자세로 앉으면 등과 허리가 구부정해지고 무릎관절에도 무리가 간다.

침대에서 TV를 시청하는 경우에도 척추는 혹사당한다. 발치에 있는 TV를 편히 보겠다고 상체를 베개나 침대 머리에 기댄 채 TV를 보면 C자형이어야 할 목뼈가 역C자형으로 바뀌고 등이 굽으면서 척추의 S자형 곡선이 흐트러진다. 이런 자세가 오래 지속되거나 자주 반복될수록 상체의 하중이 허리 아래로 쏠리기 때문에 허리와 엉덩이 사이에 있는 디스크가 손상되기 쉽다.

소파나 침대에서 빈둥거리며 보내는 휴일을 정 포기할 수 없다면 척추의 본래 곡선을 최대한 유지하는 바른 자세로 척추의 부담을 줄여줘야 한다. TV를 볼 때는 누워 있는 것보다 앉아 있는 것이 그나마 낫다. TV는 눈높이보다 조금 아래에 두고 허리 뒤에는 쿠션을 받치고 목을 바로 세운 자세로 앉는다. 소파보다 약간 낮은 스툴 위에 다리를 올리면 척추가 한결 편안한 자세가 된다.

누워서 TV를 볼 때는 팔을 괴거나 소파 팔걸이를 베지 않는다. 푹신하지 않은 곳에 옆으로 누워 목을 편안하게 받쳐주는 알맞은 높이의 베개를 베는 것이 좋다. 또한 한쪽으로만 눕지 말고 반대쪽으로도 누워 척추의 균형을 맞춰줘야 한다.

무엇보다 TV 시청 시간 자체를 줄이는 것이 가장 중요하다. 아무리 좋은 자세를 유지한들 장시간 앉아 있는 것은 척추에 좋지 않기 때문이다. 1시간 이상 TV를 시청할 때는 최소한 자세라도 자주 바꿔야 한다. 틈틈이 스트레칭을 하여 근육의 긴장을 풀어주는 것도 좋다.

나는 TV를 그리 즐겨 보지 않지만 어쩌다 볼 때는 소파에 앉아 허리를 등받이에 바짝 붙이고 다리는 쭉 편 자세를 유지한다. 소파에서 TV를 보면서 비스듬히 앉거나 눕거나 잠드는 일은 거의 없다. 30분에 한 번꼴로 소파에서 일어나 물을 마시러 가거나 화장실에 다녀온다. 때로는 벌떡 일어나서 난데없이 스트레칭을 하기도 한다. 휴일에도 피곤하게 산다고 생각할 수 있겠지만 이런 자세가 몸에 배면 전혀 힘들지 않다. 오히려 척추에 부담을 주지 않아 휴일 이튿날에도 몸이 가뿐하다.

가장 편안해야 할 시간에 바른 자세를 취하려는 이유는 척추 건강과 더불어 아이들의 시선을 의식하기 때문이다. 나는 흐트러진 자세로 TV를 보면서 아이들에게만 바른 자세를 강요한다면 말발이 설 리가 없다. 아내와 나는 부모의 방심한 민얼굴이 교육적으로 가장 강력한 힘을 갖고 있다고 생각한다. 부모가 의식적으로 보여주는 모습보다 일상에서 무의식적으로 보이는 모습이 아이에게 더 큰 영향력을 발휘한다고 보는 것이다.

특히 부모의 사소한 습관은 마치 옷에 냄새가 배는 것처럼 아이의 행동과 태도에 서서히 스며든다. 심리학자 에릭 에릭슨Erik Erikson은 아이들이 취향, 버릇, 성격을 형성하는 데 부모의 영향이 결정적이라고 주장했다. 아이는 부모가 평상시 보여주는 모습을 보며 무의식적으로 배우고, 이 과정에서 부모의 취향, 버릇, 성격이 아이에게 대물림된다는 것이다. 제발 닮지 않았으면 하는 자신의 안 좋은 점을 아이가 쏙 빼닮아 속상하다고 말하는 부모들이 있다. 이런 경우 평소 부모가 보인 사소한 행동이 아이에게 강력한 학습 효과를 발휘했을 가능성이 높다.

지난 휴일, TV 앞에 어떤 자세로 있었는지 돌아보자. 기억이 나지 않는다면 지금 아이가 TV 보는 모습을 유심히 살펴라. 그것이 바로 당신의 모습이다. 부모의 평소 자세는 아이에게 고스란히 나타난다. 부모가 침대나 소파에서 나쁜 자세로 TV를 보거나, 등을 한껏 구부리고 바닥에 펼친 신문을 읽거나, 의자에 다리를 꼬고 앉으면 아이들도 똑같이 따라 한다.

결국 부모의 자세는 본인의 척추뿐만 아니라 아이에게도 영향을 미치는 셈이다. 문제는 그 결과가 어른인 본인보다 아이에게 더 치명적이라는 데 있다. 바르지 못한 자세는 어른에게도 해롭지만 성장기인 아이에게는 더욱 해로울 수밖에 없다. 그런 점에서 부모가 아이에게 물려줄 수 있는 가장 위대한 유산은 바른 자세가 아닐까. 일상에서 바르고 곧은 자세를 취하는 습관을 들이고 아이에게 부끄럽지 않은 본보기가 되는 것이 부모가 줄 수 있는 가장 값진 유산이다.

아이의
자세 매니저가 되어라

나는 평소 사람들 앞에서는 물론이고 혼자서 쉴 때조차 자세를 거의 흐트러뜨리지 않는다. 늘 등받이에 허리를 바짝 댄 채 어깨와 허리를 쭉 펴고 앉는 내 자세에 아내는 항상 감탄한다. 나는 다른 사람이 내 앞에서 나쁜 자세로 있는 꼴도 잘 못 본다. 아내가 등을 구부린 채 다리를 꼬고 앉아 책을 볼 때면 반드시 허리를 펴게 해야 직성이 풀린다. 아이들에게야 두말할 나위가 없다. 나도 의식하지 못하는 사이 손이 저절로 움직여 아이들의 자세를 바로잡는다. 이렇게 내가 '바른 자세 사나이'가 된 것은 척추전문의라는 직업 탓도 있지만, 아주 어린 시절부터 몸에 밴 습관 때문이다. 물론 그런 습관을 갖게 되기까지는 부모님의 영향이 컸다.

사업을 하시는 부모님은 타인에게 신뢰와 호감을 주는 첫걸음이 바른 자세라고 말씀하시곤 했다. 사업상 여러 사람을 만나보면 의젓하고 믿음직스러워 보이는 사람이 있는가 하면 영 미덥지 못하고 깜냥이 안 되어 보이는 사람도 있는데, 그 차이가 자세에서 나온다는 것이다. 완벽한 서류를 들이밀고 감언이설을 늘어놓아도 등과 어깨를 구부정하니 앉은 사람에게는 신뢰가 가지 않지만, 바른 자세로 당당하게 앉아 있는 사람은 일단 믿어보자는 생각이 든다고 하셨다. 물론 자세가 바른 사람이 실제로 신용과 능력을 갖추고 있는가는 더 생각해볼 문제이다. 하지만 바른 자세가 좋은 첫인상으로 이어지며, 사람에 대한 평가는 대개 첫인상에 크게 좌우된다는 점만은 확실한 사실이다.

이런 생각을 갖고 있는 부모님 덕분에 나는 어린 시절부터 다소 엄하게 자세 훈련을 받았다. 부모님은 다른 일에 관해서는 너그러우셨지만 자세에 대해서만큼은 늘 엄격하셔서, 내가 나쁜 자세로 앉아 있거나 짝다리로 서 있으면 호되게 꾸짖으셨다. 또한 어머니는 내가 뭔가를 암기해야 할 때면 늘 바른 자세로 서서 외우게 하셨다. 앉아서 암기하면 자세가 흐트러지기 쉽고, 그러면 머릿속에 남는 것도 없다는 이유에서였다. 어머니의 말씀이 과학적으로 일리 있다는 것은 성인이 되어서 알게 됐다. 서서, 혹은 걸으면서 암기하면 뇌의 운동 피질을 자극하여 집중력과 암기력이 향상된다고 한다. 어머니가 과학적인 원리를 아셨을 리 없지만 오랜 경험에서 우러난 가르침이었다고 생각한다.

바른 자세가 좋은 첫인상과 효과적인 학습으로 이어진다는 가르침을 받고 자란 내가 척추전문의까지 됐으니 '바른 자세 사나이'가 되지 않는다면 그게 오히려 이상한 일일지도 모른다.

잔소리 없이 아이의 자세를 바로잡는 6단계 작전

얼마 전에 지인이 자기가 어렸을 때 똑바로 앉으라는 소리를 너무 많이 들어서 지긋지긋했는데, 아이를 낳아 기르다 보니 자신도 똑같은 잔소리를 하고 있어 고민이라며 도움을 요청했다. 자세를 바르게 하라는 건 당연히 필요한 말이지만 하루에 수십 번씩 잔소리를 하고 싶지는 않다고 했다. 반복되는 잔소리는 효과가 없다는 것을 본인이 이미 겪어본 터라 잔소리하지 않고 아이를 바른 자세로 앉히는 방법은 없느냐는 것이다. 부모의 가르침을 순순히 받아들이는 아이도 있지만 그렇지 않은 아이도 있다. 엄마는 아이를 위해 하는 말인데 아이의 입장에서는 잔소리일 뿐 전혀 고맙게 들리지 않을 수 있다. 이런 성향의 아이들에게는 더욱 특별한 방법이 필요하다.

먼저 아이가 사용하는 가구가 아이의 체형에 잘 맞는지부터 점검해야 한다. 예를 들어 체형에 비해 책상이 높으면 아이는 어쩔 수 없이 의자 끝에 걸터앉게 되는데, 이를 두고 자세가 나쁘다고 꾸중하면 아이로서는 억울한 일이다. 따라서 아이의 주변 환경과 가구가 나쁜 자세를 유도하고 있는 것은 아닌지부터 살펴보고 개선해줘야 한다.

두 번째, 바른 자세가 어떤 자세인지 알려줘야 한다. 무조건 "똑바로 앉아"라고만 할 것이 아니라 "허리와 엉덩이를 의자 등받이에 바짝 갖다 대고 허리를 쫙 편 채 앉아야 한단다"라고 구체적으로 설명하면서 시범을 보이고 자세를 교정해준다.

세 번째, 아이의 현재 모습을 보여준다. 아이들은 자기 자세가 나쁘다는 것은 알아도 얼마나 나쁜지는 잘 모른다. 이때 부모가 "너는 자세가 왜 그 모양이니" 하고 잔소리만 늘어놓으면 별 효과가 없다. 그보다는 스마트폰으로 아이의 평소 구부정한 자세를 찍어서 보여주는 것으로 시각적인 충격을 주는 방법이 훨씬 효과적이다.

네 번째, 아이가 자세를 바로 할 동기를 부여한다. 요즘 엄마들이 가장 좋아하는 말은 아마도 '자기주도학습'이 아닐까 한다. 바른 자세를 취하는 습관을 들이는 데도 자기주도학습이 필요하다. 부모가 잔소리를 늘어놓으며 강압적으로 밀어붙인다고 아이가 바른 자세를 취하게 되는 것은 아니다. 자세는 습관이고, 한 번 잘못 들인 습관은 쉽게 고쳐지지 않기 때문이다. 잘못된 자세를 교정하려면 아이가 주도적으로 적극적인 의지를 보여야 하고, 이를 위해서는 강력한 동기부여가 필요하다.

"너, 그러다가 나중에 꼬부랑 할머니 된다", "자꾸 그렇게 앉으면 척추측만증에 걸린다고 엄마가 몇 번이나 말해?" 하는 말로는 동기를 부여할 수 없다. 아이들은 '건강 낙관주의자'들이다. 지금 아픈 데가 있다면 모를까, 몇 년 후의 건강까지 걱정하지 않는다. 그렇다면 아이들의 입장에서 귀가 솔깃해질 만한 동기가 무엇일까? 바로 외모와 몸매이다. 바른 자세를 취해야 몸매가 좋아져서 외모도 예뻐지고 건강해진다는 사실을 알려주는 것이다.

실제로 나쁜 자세는 몸매를 망치는 주범이다. 20대 청년층의 체형 변형 원인은 오로지 나쁜 자세뿐이다. 일례로 구부정한 등과 어깨도 잘못된 자세로 인한 체형 변형이다. 겉보기에는 뼈가 굽은 것 같아도 사실은 디스크 앞쪽이 찌그러지면서 척추가 기울어진 것이다. 척추는 일부가 기울면 다른 부위도 연쇄적으로 기울기 마련이라 등이 구부정하면 목과 허리도 바로 서지 못해 전반적으로 구부정한 자세가 된다. 허리가 구부정한 사람이 목을 앞으로 뺀 자세를 취하는 것도 이런 이유 때문이다. 게다가 성장기에 이런 척추 변형이 나타나면 척추가 바르게 자라지 못해 키가 크는 데도 방해가 된다. 결국 건강하고 아름다운 몸매는 척추가 건강해야 나온다. 구부정한 척추를 가진 사람은 아무리 복근을 만들고 다이어트를 해도 맵시가 나지 않는다.

한 여배우가 자세 교정만으로 다이어트 효과를 봤다고 해서 화제를 모은 적도 있다. 그저 자세를 바로잡았을 뿐인데 살이 빠지는 효과를 얻었다는 것이다. 자세를 교정하면 평소 쓰지 않던 근육을 긴장시키고 허리와 등이 꼿꼿하게 펴지기 때문에 마치 다이어트를 한 듯 몸매 전체가 달라 보일 수 있다. 아이에게 이런 사실을 주지시키려면 화법을 달리하는 것이 좋다. 누군가의 몸매나 외모가 아니라 자세가 보기 좋다고 말해야 한다. "저 축구 선수는 어깨를 쫙 펴고 있어서 정말 멋지구나", "이 가수는 앉아 있는 자세가 참 꼿꼿하고 바르구나. 그러니까 다리도 더 날씬해 보이네" 하는 식으로 바꿔 말하는 것이다.

다섯 번째, 아이의 관심사를 이용한다. 사업가들이 골프를 치는 데는 그럴 만한 이유가 있다. 정색한 채 사업 이야기를 꺼내면 분위기가 딱딱해지기 쉬우니 상대가 관심을 가질 만한 활동을 함께하면서 은근히 접근하는 것이다. 아이를 설득할 때도 마찬가지다. 아이의 관심사에 적극적으로 동참하면서 가랑비에 옷 젖듯이 조금씩 설득해야 한다. 사춘기 아이들의 역할 모델은 대개 연예인이나 스포츠 스타들인 경우가 많다. 연예인 들여다볼 시간에 문제집이나 한 번 더 보라고 구박하지 말고, 아이들이 좋아하는 스타들의 자세에 주목하며 이야기를 나눠보자.

여섯 번째, 아이의 긍정적인 자세 변화에 주목한다. 아이의 나쁜 자세에 대해 부정적인 잔소리를 늘어놓는 대신 좋은 자세를 취할 때마다 칭찬을 해주는 것이다. 아이가 좋은 자세를 취하면 이를 사진으로 찍어 보여주면서 "자세를 바로 하니까 이렇게 멋있잖아" 하고 칭찬을 곁들이자. 새로운 습관이 자리 잡기 위해서는 보상이 필요하다. 부모의 칭찬은 아이가 바른 자세를 취하는 습관을 들이는 데 가장 강력한 보상이 된다.

과학자들에 의하면 새로운 습관이 몸에 익기까지는 약 66일이 걸린다고 한다. 아이의 잘못된 자세를 교정하는 일이 쉽지는 않겠지만 딱 66일만 고생한다고 생각하면 못할 것도 없다. 아이의 자세를 바로잡는 일은 어쩌면 아이의 인생 전체를 바로잡는 일이 될 수도 있다. 66일이 지나면 아이의 자세도 인생도 크게 달라질 것이다.

예절 바른 아이가
척추도 바르다

나는 항상 자리에서 일어나 환자들을 맞으려고 노력한다. 예의 바른 의사라서가 아니라 사실 나의 척추 건강을 위해서이다. 진료실 의자에 하도 앉아 있다 보니 척추전문의 체면이 말이 아니게 디스크가 오고야 말았다. 그러니 환자가 드나들 때마다 자리에서 일어서는 것은 환자에 대한 예의인 동시에 내 척추에 대한 예의인 셈이다. 그날은 중학생 남자아이가 엄마와 함께 병원을 방문했다. 그때도 나는 역시 자리에서 일어나 두 사람을 맞았다.

"안녕하세요, 선생님."

"네, 어서 오십시오."

아이의 엄마와 내가 허리 숙여 인사를 주고받자 아이도 얼떨결에 인사를 했다. 그런데 이 녀석, 인사하는 자세가 가관이었다. 나와는 눈도 마주치지 않고 성의 없이 고개만 까딱하는데 그나마도 엉뚱한 방향이었다. 진료실 구석에 있는 척추 모형을 향해 인사를 마친 아이는 비스듬한 자세로 진료실 의자에 앉았다.

"우리 인사 좀 다시 해보자."

내 말에 아이는 계면쩍은 듯 머리를 긁적이더니 엉덩이만 살짝 들고는 나를 향해 고개를 꾸벅 숙였다. 여전히 성의 없는 태도이지만 그나마 인사 방향은 제대로 잡았으니 다행이었다.

내 진료실을 찾는 청소년 환자 가운데 열에 아홉이 이렇다. 쭈뼛쭈뼛 들어와서 인사도 제대로 하지 않고 의자에 비딱하게 앉는다. 이 이야기를 하는 것은 요즘 아이들이 버릇없다는 말을 하고 싶어서가 아니다. 예의 바른 태도가 척추 건강과도 밀접한 관련이 있기에 꺼낸 이야기이다. 사람의 단면을 보고 전체를 꿰뚫어볼 수 있다고 말하는 것은 오만이겠지만, 살다 보면 누구에게나 자신만의 판단 기준이 생기기 마련이다. 척추전문의로 20년간 일해온 내 기준은 예의 바른 사람은 척추도 건강하다는 것이다.

예절의 기본이 바른 자세라면 척추 건강의 기본도 바른 자세이다. 흐트러지고 삐딱한 자세로는 예의를 지킬 수도, 척추 건강을 챙길 수도 없다. 예절을 지키려면 바른 자세를 취해야 하고, 이런 자세가 척추 건강에도 긍정적인 영향을 미친다. 반대로 예절을 지키지 않는 사람은 자세부터 삐딱할 테고 이것이 척추에도 좋을 리 없다.

요통으로 진료실에 온 아이들 중에는 나와 눈을 맞추고 허리를 굽혀 예의 바르게 인사하는 아이가 있는가 하면 건성으로 고개만 까딱하는 아이도 있다. 검사해보면 예의 바른 아이는 일시적인 요통이라 간단한 처방만 받고 돌아가는 경우가 대부분이다. 그런데 예의 바르지 못한 아이는 대개 척추 변형 등 심각한 문제를 보이는 경우가 많다.

물론 예절 바른 자세를 보여 척추가 건강한 것인지, 척추가 건강하니 예절 바른 자세를 취할 수 있는 것인지는 '닭이 먼저냐, 달걀이 먼저냐'만큼 어려운 문제이다. 하지만 예절 바른 사람은 평상시 자세도 바르고 척추도 건강하다는 명제만큼은 내 오랜 진료 경험상 명백한 참이다.

예의 없이 불량한 자세가 불량 척추를 만든다

'불량한 자세', 혹은 '매너 없는 자세'라 불리는 것들은 척추 건강에도 해롭다. 진료실에 들어오자마자 팔짱을 끼고 구부정하게 앉아 바닥만 내려다보는 아이들이 있다. 오래간만에 수업이 일찍 끝난 날, 놀러 가지도 못하고 뒷덜미를 붙들려 진료실에 왔으니 기분이 좋을 리 없다. 그러니 삐딱한 자세로 불만을 한껏 표현하는 것이다.

언뜻 생각하면 팔짱을 낀 자세는 척추에 큰 해가 안 될 것 같다. 그러나 이 자세도 장기적으로 척추 건강을 위협하는 요인이 될 수 있다. 팔짱 낀 자세를 잘 살펴보면 겨드랑이 밑에 넣는 손과 반대편 팔 위에 얹는 손이 대개 일정하다. 이렇게 좌우 균형이 안 맞는 자세를 지속해서 취하면 어깨높이가 달라진다. 또한 팔짱을 끼면 어깨와 등이 움츠러들면서 어깨 근육과 등 근육이 경직되고 등이 구부정해진다. 이렇게 되면 몸의 무게중심이 앞으로 쏠리는 걸 막기 위해 팔짱을 더 자주 끼는 악순환이 시작된다. 따라서 아이가 팔짱을 낄 때마다 주의를 주고 이 자세가 습관이 되지 않도록 해야 한다. 척추 건강은 물론이고 인성 교육을 위해서도 그래야 한다.

여자아이들은 다리를 꼬고 앉는 경우도 많다. 두 다리를 붙여 앉는 것보다 꼬아 앉는 것이 상대적으로 편하고 신경도 덜 쓰여서인 것 같다. 어른 앞만 아니라면 크게 문제 될 자세는 아니라고 생각하겠지만, 사실 전철에서 다리를 꼬아 앉는 것도 공공 예절에 어긋나는 행동이다. 다리를 꼬고 앉으면 옆 사람의 다리를 신발로 툭툭 치거나, 지나가는 사람의 통행을 방해하게 된다. 바로 앞에서 손잡이를 잡고 선 사람에게도 불편을 끼친다.

　당연히 척추 건강에도 좋을 것이 없다. 다리를 꼬고 앉으면 꼬아 올린 다리 쪽 골반이 위로 들리면서 틀어지는데, 이때 척추도 함께 틀어진다. 이렇게 골반과 척추가 함께 틀어지면 다리가 살짝 비틀리면서 자주 꼬아 올린 쪽의 다리가 상대적으로 짧아지는 현상이 나타난다. 나이가 들면 한쪽으로 기우뚱한 몸이 되기 쉽다. 다리를 꼬고 앉는 습관으로 골반과 척추가 틀어지면 자세 교정이 쉽지 않다. 다리를 꼬고 앉아야만 편안하다고 느끼기 때문이다. 따라서 어릴 때부터 다리를 꼬고 앉지 못하도록 부모가 특별히 신경을 써야 한다.

　여자아이들이 다리를 꼬고 앉는다면 남자아이들은 다리를 쫙 벌리고 앉는 경우가 많다. 지하철이나 버스에서 다리를 과도하게 벌린 채 등을 비스듬하게 기댄 자세로 앉은 일명 '쩍벌남'들을 자주 본다. 이런 자세는 주변 승객들에게 불편을 초래하고 보기 흉할 뿐만 아니라 척추에도 좋지 않다. 다리를 지나치게 벌리고 앉으면 허리가 앞쪽으로 쏠리면서 자신도 모르게 비스듬히 앉게 되는데 이때 척추에 매우 큰 부담이 실린다. 다리를 쫙 벌리는 자세가 지속되면 허리디스크가 발생할 우려도 있다.

　식사 예절도 척추 건강과 관련이 있다. 식사 예절의 시작도 역시 바른 자세이다. 의자 팔걸이나 식탁에 팔을 기댄 채 비스듬히 앉거나 한쪽 다리를 세우고 앉는 등 식탁에서 바른 자세를 취하지 않는 아이들이 참 많다. 식탁에 바르게 앉는 습관은 어릴 때부터 가르쳐야 한다.

의자에 허리를 쫙 편 채 바른 자세로 앉고, 숟가락질하지 않는 손은 자연스럽게 무릎 위에 두도록 교육한다. 밥상에서 밥을 먹을 때는 한쪽 팔로 바닥을 지탱하지 않도록 주의시켜야 한다. 어린아이들은 식탁이 몸에 맞지 않아 바른 자세를 취하기 어려울지도 모른다. 이런 경우에는 아이의 몸에 잘 맞는 식탁 의자를 쓰는 것도 좋은 방법이다.

턱을 괴는 습관 역시 예의에 어긋나고 척추 건강에도 좋지 않다. 턱을 괴려면 책상이나 의자 팔걸이에 팔을 걸치고 상체를 기울여야 하는데, 이런 자세를 반복해서 취하면 목뼈가 옆으로 삐딱하게 틀어지면서 인대가 손상되거나 일자목 증후군, 혹은 목디스크가 올 수 있다. 게다가 대부분 한쪽으로만 턱을 괴기 때문에 턱관절이 변형되고 비대칭적인 얼굴형이 되기도 한다.

불량스러운 자세의 대명사 격인 짝다리로 선 자세는 어떨까? 짝다리를 짚고 서면 무게중심이 한쪽으로 쏠려 골반의 높낮이가 달라지고 척추도 휘기 쉽다. 또한 한쪽 무릎으로만 체중이 몰리기 때문에 무릎 관절에도 무리가 간다.

주머니에 손을 넣고 걷는 자세도 마찬가지다. 주로 남자아이들이 주머니에 손을 넣고 다니는 경우가 많은데, 딴에는 멋있어 보일지 몰라도 알고 보면 위험한 습관이다. 주머니에 손을 넣고 걸어 다니면 보폭이 좁아지면서 종종걸음을 치게 되어 넘어지기 쉽다. 넘어질 때 팔로 땅을 짚으면 심각한 부상으로 이어지지 않지만, 주머니에 손을 넣은 채로 넘어지면 척추나 관절에 치명적일 수 있다. 특히 겨울철 빙판길을 걸을 때는 반드시 주머니에서 손을 빼고 다녀야 한다.

아내와 나는 아이들을 비교적 관대하게 키우는 편이다. 사사건건 안 된다고 제약하면 아이들의 자율성을 해치고 부모와의 유대감이나 소통에도 좋지 않다고 생각하기 때문이다. 우리 부부가 엄해지는 거의 유일한 순간은 아이들이 예의범절을 지키지 않을 때이다.

한번은 세 아이 중 하나가 손님에게 인사를 제대로 하지 않았다가 그 벌로 무려 50번이나 다시 인사한 적이 있다(아이가 부끄러워할까 봐 세 녀석 중 누군지는 비밀에 부치겠다). 정중하게 허리를 구부렸다 펴기를 50번 반복하는 아이의 얼굴은 눈물, 콧물로 엉망이 되어 있었다. 그 모습이 안쓰럽고 측은했지만, 예의범절은 어릴 때 가르쳐야 한다는 생각으로 마음을 다잡았다.

행복해서 웃는 게 아니라 웃으면 행복해진다는 말이 있다. 억지로라도 웃으면 엔도르핀이 증가하고 스트레스 호르몬인 코르티솔의 혈액 내 농도가 감소한다는 것이다. 마찬가지로 억지로라도 예절 바른 몸가짐을 취하면 마음도 바르고 공손해진다고 생각한다. 아이의 마음 단속이 어렵다면 예절 바른 태도라도 반드시 가르쳐야 한다. 예절 바른 태도를 가르치면 공손하고 바른 마음과 함께 부록처럼 척추 건강이 따라오기 마련이다.

아이들을 철 지난
웅변 학원에 보내는 이유

큰아이가 초등 1학년 때 아내가 아이를 웅변 학원에 보내겠다고 말했다. 자신감이나 키워줄까 해서 보냈던 스피치 학원에서 말하는 기술만 가르쳐 불만족스럽던 차에 꽤 괜찮은 웅변 학원을 소개받았다는 것이다. 나는 요즘도 웅변 학원이 있느냐며 심드렁한 반응을 보였어도 교육 문제에서는 아내를 전적으로 신뢰하는 편이라 반대는 하지 않았다. 아내는 웅변 학원의 사범님이 학부모들의 비위를 맞추려 하지 않고 소신 있게 아이들을 가르친다고 했다.

아이가 웅변 학원에 다닌 지 일주일쯤 지났을 때 물었다.

"웅변 학원은 어떠니? 다닐 만해?"

아이는 약간 뚱한 표정으로 고개를 끄덕였다.

"네. 근데…… 사범님이 좀 무서워요."

"그래? 어떻게 무서워?"

"바른 자세로 앉아서 수업을 들어야 해요. 안 그러면 무서운 표정으로 야단치세요."

아이의 말을 들으니 슬며시 웃음이 났다. 집안에 웃어른이 계시던 시절에는 어른이 말씀하실 때 무릎을 꿇고 앉아 듣는 것이 너무나 당연한 일이었다. 그런데 요즘은 좋은 음식은 아이들의 입에 제일 먼저 들어가고, 좋은 자리도 아이들이 냉큼 차지한다. 우리 부부는 예의범절을 제법 엄하게 가르친다고 하는데도 사범님의 교육 방식이 아이에게 낯설게 느껴지는 것은 어쩔 수 없었나 보다.

얼마 뒤, 웅변 학원에서 공개수업을 한다기에 아내와 함께 보러 갔다. 듣던 대로 사범님의 카리스마는 남달랐다. 때로는 엄한 호랑이 훈장님 같고, 때로는 인자한 친할아버지 같은 모습으로 장난기 넘치고 산만한 아이들을 옴짝달싹 못하게 만드는 놀라운 능력의 소유자였다. 그뿐만 아니라 부모들을 향해 거침없이 쓴소리를 하기도 했다.

"여기 앉아서 1시간 집중 못하는 아이는 학원에 보내도 공부 안 합니다. 마음가짐이 먼저 바르게 잡혀야 공부도 한다는 말입니다."

우리는 고개를 끄덕이며 사범님의 말씀을 경청했다. 아이들에 대한 애정을 바탕으로 일관성 있게 훈육하는 분이라는 생각이 들었기 때문이다. 무엇보다 아이들이 꼿꼿하고 바른 자세로 앉아 있는 모습이 인상적이었다. 단상에 올라 웅변을 할 때도 아이들은 허리를 쫙 편 자세로 침착하고 자신감 있는 태도를 보여줬다. 사범님이 "자세가 흐트러지면 집중력도 깨진다. 허리를 펴고 바른 자세로 서라. 그래야 소리도 자신감 있게 나오는 법이다"라며 끊임없이 바른 자세를 강조했기 때문이다. 세상 모든 부모가 사범님만 같다면 아마도 척추전문의 절반 이상은 폐업해야 할 것이다.

우렁찬 발성은 척추의 비타민

사범님 말씀처럼 우렁찬 발성은 허리를 꼿꼿하게 편 바른 자세에서 나온다. 성악을 하는 친구 말로는 노래 잘하는 사람치고 자세 나쁜 사람이 없다고 한다. 척추를 곧게 펴야 숨이 지나가는 길목에 막힘이 없어 발성하는 데 유리하다는 것이다. 그만큼 자세가 호흡과 발성에 중요하다는 말이다. 거꾸로 생각하면 호흡과 발성이 중요한 활동을 하면 허리가 꼿꼿하게 펴지면서 자세 교정과 척추 건강에 도움이 된다는 말도 된다.

　나는 운전을 오래 하는 사람들에게 차 안에서 소리를 내라고 조언한다. 차 지붕을 들어 올리듯 두 팔을 위로 쭉 뻗고 허리를 등받이에 꼿꼿하게 기댄 채 노래를 부르라고 말이다. 이는 차가 신호에 걸린 틈을 활용하는 일종의 척추 운동이다.

　마찬가지로 책상에 오래 앉아 공부하는 아이들도 가끔 큰소리로 노래를 부르면 기분이 전환될 뿐만 아니라 척추 건강에도 도움이 된다. 큰소리로 노래하기 어려운 상황이라면 노래방에 가는 것도 한 방법이다. 온 가족이 노래방에 가면 아이와의 친밀감도 높일 수 있다. "아유, 너는 왜 그렇게 정신 사나운 노래만 좋아하니?" 하는 소리로 흥겨운 분위기를 깨지 말고 탬버린을 흔들며 열광적으로 호응해주자. 회식 자리에서 꼴 보기 싫은 부장님한테도 해주는 걸 내 아이한테 못 해줄 이유가 없다. 부모가 기를 살려줄수록 아이의 허리가 펴지는 법이다. 내친김에 온 가족이 막춤의 세계에 빠져보는 것도 좋다. 이렇게라도 운동하는 것이 스마트폰만 들여다보며 휴일을 보내는 것보다 정신 및 척추 건강에 훨씬 이롭다.

　아이가 합창단으로 활동하는 것도 좋다. 합창단 활동은 대개 협동 정신과 사회성 향상, 정서 발달을 위해 아이에게 시키는 경우가 많은데, 알고 보면 척추 건강에도 매우 효과적이다. 자세가 좋아야 발성도 제대로 나오기 때문에 합창의 기본은 바른 자세이다. 그래서 합창단 지휘자가 가장 먼저 하는 일은 모든 단원의 자세를 교정하는 것이다.

합창의 기본자세는 허리를 바로 세우고 가슴은 자연스럽게 펼치며 목을 약간 끌어당기는 것인데, 이는 척추외과 전문의들이 말하는 바른 자세, 척추의 본래 형태를 그대로 유지할 수 있는 자세와 정확하게 일치한다.

웅변 학원이나 노래방, 합창단이 번거롭다면 집에서도 손쉽게 시도할 만한 활동이 있다. 바로 소리 내어 책 읽기이다. 책을 소리 내어 읽는 일은 발음과 발성이 좋아지는 효과부터 발표력과 자신감을 키워주고 책의 내용에 더욱 집중하게 하는 효과까지 여러모로 교육적인 이점이 많다.

가장 좋은 점은 책을 소리 내어 읽는 동안 바른 자세를 취하게 된다는 것이다. 아이에게 가장 좋아하는 책을 소리 내어 읽으라고 해보라. 등을 웅크리거나 흐트러진 자세로 책을 읽는 아이는 아마 없을 것이다. 소리를 내기 위해서는 바른 자세가 선행돼야 한다. 그 때문에 누가 시키지 않아도 아이는 가슴과 허리를 편 단정한 자세로 책을 읽는다. 아이가 책을 읽는 동안 부모가 집중해서 들어주면 효과는 더욱 커진다. 혼자서 소리 내어 책을 읽을 때보다 청중을 의식하기 때문에 자세가 더 반듯해진다. 이렇게 하루에 15~20분만 바른 자세를 취하는 습관을 들이면 평생 척추를 걱정할 일은 없을 것이다.

생각해보면 요즘 아이들은 마음 편히 큰소리를 낼 만한 곳이 없다. 아파트에서 자라는 경우가 많고 주로 실내 활동을 하기 때문에 어디를 가나 조용히 하라는 소리부터 듣는다. 물론 공공 예절은 반드시 가르쳐야 한다. 하지만 아랫배가 아플 만큼 함성을 지르며 뛰놀았던 내 어린 시절과 비교하면 요즘 아이들이 참 가엽다. 웅변 학원을 보내든, 가족끼리 노래방을 가든 아이가 마음껏 소리를 지르고 에너지를 발산할 기회를 주는 것은 매우 중요한 일이다. 아이가 속 시원히 소리를 지르면 웅크렸던 마음이 활짝 펴지면서 척추도 활짝 웃을 것이다.

척추외과 전문의는
딸에게 발레를 가르친다

얼마 전 동료들과 이런저런 이야기를 하다가 재미있는 사실을 발견했다. 나를 비롯한 모두가 딸에게 발레를 시키고 있었다. 발레복을 입은 딸아이는 모든 아빠의 로망이다. 하지만 척추전문의들이 딸에게 발레를 시키는 데는 그 이유만 있는 것은 아니다.

발레는 자세가 중요하다. 양발에 체중을 고루 싣고 척추를 똑바로 세워 상체를 꼿꼿하게 만드는 것이 발레의 기본자세이다. 시간을 들여 이 자세를 몸에 익히지 않으면 다른 동작들을 배우기 어렵다. 그래서 전신 거울로 자기 자세를 확인하며 끊임없이 교정한다.

언젠가 TV에서 본 여가수의 인터뷰 내용이 인상적이었다. 그녀는 큰 키가 콤플렉스라서 어릴 때부터 늘 웅크린 자세로 다녔고 그로 인해 등과 어깨가 매우 굽었다고 한다. 그러다가 발레를 시작하고 난 후 척추가 바로 서고 어깨가 펴지면서 자신감도 되찾았다는 것이다. 이렇듯 발레의 바른 자세는 척추 교정에 분명 효과가 있다.

둘째 딸은 일곱 살부터 발레를 시작했는데, 배운 지 3년쯤 지나자 자세나 동작이 굉장히 전문적이고 어려워져서 그만뒀다. 척추 건강을 고려하면 고난도의 동작을 배우기 전까지만 발레를 가르치는 것이 적당하다. 발레가 척추에 이로운 것은 어디까지나 취미로 배우는 경우에 한해서이다. 만약 발레를 전공이나 직업으로 삼는 경우라면 오히려 척추에는 해로울 수 있다. 발레리나들의 자세를 자세히 보면 척추가 일자에 가깝게 펴져 있는 것을 알 수 있다. 이렇게 일자형 자세를 지속적으로 취하는 경우에는 척추 변형을 초래하기 쉽다. 발레리나들의 잦은 턴turn 동작도 무릎과 발목에 만성적인 통증을 유발하는 요인이 된다.

딸에게 발레를 시켰다면 아들에게는 검도를 시켰다. 나도 해동검도 유단자이기 때문에 아들이 초등 3학년이 됐을 때 도장에 함께 다니기 시작했다. 꼿꼿한 자세와 바른 걸음걸이를 익히는 데 검도만큼 좋은 운동이 없다. '기技란 곧 자세이다'라는 말이 있을 만큼 검도의 모든 기술은 바른 자세에서 비롯된다. 대부분의 검도 도장에 전신 거울이 있는 이유도 거울을 바라보며 자세를 바로잡고 더불어 마음가짐까지 점검하라는 뜻이다. 물론 기본자세를 익히는 것은 어른에게도 고되고 지루한 일이다. 한창 몸이 날래고 호기심 많은 아이가 바른 자세로 가만히 앉아 있거나 죽도를 들고 "머리, 머리, 머리"만 수십 번 반복하기란 쉽지 않다. 정신없이 공을 쫓으며 땀을 흠뻑 흘리는 운동이라면 모를까, 검도는 다소 정적이라 처음에는 아이가 흥미를 느끼기 어렵다. 하지만 그런 지루하고 힘든 과정 자체가 아이의 집중력과 인내심을 기르고 심신을 다지는 좋은 기회이다.

그리고 우리 아이들에게 승마도 조금 가르쳤다. 승마 역시 꼿꼿하고 바른 자세를 익히는 운동이라는 점에서 척추에 매우 바람직하다. 하지만 잘못하면 오히려 허리 관절에 손상을 줄 수 있으므로 주의해야 한다. 말이 점프할 때 말의 동작과 리듬을 맞추지 못하면 허리와 골반에 충격이 갈 수 있다. 따라서 요통이 있는 사람은 승마를 피하는 것이 좋고, 초보자는 전문가에게 말을 타는 기본자세부터 제대로 배워야 한다.

운동은 뼈와 근육을 튼튼하게 하고 인대와 관절의 유연성을 높여 우리 몸의 퇴행 속도를 늦춘다. 또한 평상시 꾸준히 운동한 사람은 일상에서 잘못된 자세를 취하더라도 척추가 변형될 위험이 상대적으로 적고, 척추 질환이 있어도 평상시 운동하지 않는 사람들에 비해 통증이 덜하다.

앞에서 소개한 검도나 발레, 승마도 척추 건강에 좋은 운동이지만, 척추외과 전문의들이 가장 많이 권하는 운동은 걷기이다. 걷기는 온몸의 뼈, 근육, 관절, 신경, 혈관 등을 고루 움직이면서도 특별히 무리하는 부위는 없기 때문에 허리가 약한 사람도 부상의 위험 없이 운동 효과를 볼 수 있다. 특히 복부와 허리 주변에 해당하는 몸의 중심 근육을 강화하는 데 탁월한 효과가 있어서 척추에 아주 큰 도움이 된다.

어떤 운동이든 마찬가지이지만 걷기도 바른 자세가 무엇보다 중요하다. 남자아이들은 경보라도 하듯 팔을 크게 휘두르면서 상체를 곧추세워 장난스럽게 걷는 경우가 많은데, 이러면 허리가 뒤로 젖혀져 척추가 쉽게 피로해진다. 따라서 척추의 본래 곡선을 유지하는 자세로 걷도록 가르쳐야 한다. 걸을 때는 턱을 당겨 목의 수평을 유지하면서 시선은 눈높이보다 약간 위를 향하고 등과 허리는 곧게 펴야 한다.

이때 어깨와 등, 다리에 지나치게 힘이 들어가지 않도록 주의한다. 보폭은 어깨너비보다 약간 넓은 것이 적당하고 팔은 자연스럽게 흔든다. 안짱걸음이나 팔자걸음은 골반을 틀어지게 하므로 발 모양은 11자 모양이 되도록 걷는다.

또한 아이가 걸을 때 척추에 전해지는 충격을 줄이기 위해 쿠션 좋은 운동화를 신겨야 한다. 아이의 손을 잡거나 팔짱을 낀 채 걷는 것은 좋지 않다. 양팔과 어깨뼈의 운동 효과가 떨어지기 때문이다. 손에 물건을 든 채 걷기, 휴대폰으로 통화하며 걷기, 개를 산책시키면서 걷기도 같은 이유로 피하는 것이 좋다.

걷기 다음으로 추천할 만한 운동은 수영이다. 수영은 관절에 무리를 주지 않으면서 등 근육을 비롯한 중심 근육 전체를 강화하여 척추 건강에 많은 도움이 된다. 특히 부력의 도움으로 체중의 부담을 받지 않아 뚱뚱한 아이에게 가장 안전한 운동이다.

다만 척추 질환이 있는 아이라면 무턱대고 수영을 시작해서는 안 된다. 자유형이나 배영은 허리의 유연성과 근력을 기르는 데 매우 좋지만, 평영과 접영은 오히려 요통을 유발할 수 있기 때문이다. 평영은 다리를 뒤로 차는 동작이, 접영은 허리를 꺾는 동작이 척추에 무리를 준다. 따라서 척추 질환이 있는 아이들은 수영을 시작하기 전에 반드시 전문의와 상의해야 한다. 또한 평영이나 접영은 피하고 물속에서 걷기나 자유형, 배영 정도만 하는 것이 좋다.

자전거를 타는 것도 척추 건강에 좋다. 페달을 밟는 동작이 양쪽 허리 근육과 골반을 번갈아 단련시켜준다. 그러나 허리를 앞으로 구부린 채 오래 자전거를 타다 보면 목과 허리의 근육이 긴장하고 디스크에도 무리가 될 수 있으므로 30분 이상 타지 않도록 주의하고 운동 전후로 스트레칭을 반드시 해야 한다.

또한 자전거의 안장 높이는 아이가 발을 뻗어 페달을 제일 아래로 내렸을 때 무릎이 약간 구부러지는 정도로 조절해준다. 안장이 이보다 더 높으면 페달을 밟을 때마다 허리 근육을 지나치게 늘이게 되어 오히려 척추 건강에 좋지 않다. 손잡이 높이는 몸통과 팔이 90도 각도를 이루는 정도가 적당하다. 무엇보다 안전하게 타는 것이 가장 중요하다. 비포장도로에서 자전거를 타면 척추와 관절에 충격이 전해져 척추 질환이나 통증을 유발할 수 있으므로 자전거 전용 도로처럼 안전하고 탄성 있는 곳에서 타게 한다. 헬멧과 무릎 보호대 착용은 기본이다.

걷기나 수영보다는 효과가 떨어지지만, 요가나 필라테스도 척추에 좋은 운동이다. 요가와 필라테스는 전신의 유연성을 높여 일상에서 관절이 받는 스트레스를 줄여준다. 또한 비뚤어진 자세를 바로잡아주고 중심 근육을 단련시켜 골밀도를 높여준다. 경쟁하지 않는 운동이라 무리 없이 안전하게 할 수 있다는 장점도 있다. 그러나 허리를 뒤로 한껏 늘리는 등 무리한 자세는 오히려 허리 건강을 해칠 수 있으므로 주의해야 한다. 특정한 자세를 취했을 때 허리에 통증이 느껴진다면 즉시 그 자세를 중단하고 휴식을 취하는 것이 좋다.

운동이라고
척추에 다 좋은 것은 아니다

모든 운동이 척추에 이로운 것은 아니다. 스키, 보드, 유도 같은 운동은 부딪치거나 넘어졌을 때 척추에 부상을 입을 우려가 높다. 이 운동들은 기본자세도 척추에 무리를 주기 쉬운 운동이므로 조심해야 한다.

골프, 테니스, 야구, 탁구 등 주로 한 방향으로만 움직이게 되는 운동도 허리를 회전하는 쪽으로 척추가 틀어질 위험이 있다. 이런 운동을 지속하면 척추만 틀어지는 것이 아니라 옆구리 근육이 경직되어 통증이 오기 쉽고, 심하면 디스크와 인대, 후관절 등이 손상될 수 있다. 또한 어깨와 팔을 집중적으로 사용하기 때문에 이 부위의 관절이 문제를 일으킬 위험도 있다. 피겨스케이팅도 점프와 회전 동작이 허리에 무리를 주고 한쪽으로만 허리를 휘게 하므로 척추전문의로서는 그다지 권하고 싶지 않은 운동이다.

마지막으로 상체와 하체를 거꾸로 매다는 일명 '거꾸리'라 불리는 허리 견인 운동기구에 대해 한마디 하고 싶다. 시중에서는 중력을 이용해 척추 사이의 압력을 낮추고 척추 주변의 경직된 근육을 이완하는 효과가 있어 거꾸리가 척추측만증을 치료하는 데 탁월하다고 광고한다. 이는 다소 과장된 면이 있다. 그리고 가정에서 이 운동기구를 사용하면 강도를 조절하기 어려워 자칫 외상으로 이어질 위험이 있다.

시중에 나온 거꾸리는 성인용으로 절대 청소년용이나 어린이용이 아니다. 애당초 아이들의 몸에 적합하게 나온 제품이 아닌데 성장기 아이들의 키를 키워준다거나 척추측만증 치료에 도움이 된다는, 검증도 되지 않은 말로 부모들을 유혹하고 있다. 아이들의 인대와 근육은 유연하고 약해서 거꾸리를 사용해서는 안 된다. 척추전문재활센터에서도 아이들에게는 허리와 골반을 중력의 반대 방향으로 당기는 견인 치료를 잘 하지 않는다. 하물며 가정에서 아무 기준 없이 거꾸리로 허리를 견인시키려 하는 것은 매우 위험한 일이다. 견인 효과를 원한다면 철봉에 매달리는 것이 아이들에게는 가장 효과적이다.

아무리 좋은 운동이라도 바른 자세로 적당하게 하지 않으면 오히려 척추에 해롭다. 그래서 어떤 운동이든 전문가에게 배워서 바르게 시작하는 것이 좋다. 더 좋은 것은 부모가 아이와 함께 운동을 배우는 것이다. 부모가 함께 운동하면 아이가 운동의 바른 자세와 방법을 익히고 꾸준히 하는 데도 도움이 될 뿐만 아니라 아이와의 유대감도 돈독해진다.

부모가 평소 꾸준히 운동하는 모습을 보여주는 것은 매우 중요하다. 아이에게만 운동을 시킨다고 부모의 임무가 끝난 것이 아니다. 운동은 숨 쉬는 것처럼 자연스러운 일상이 돼야 하고, 그런 인식을 아이에게 심어주려면 부모가 먼저 꾸준히 운동하고 건강에 힘쓰는 모습을 보여주는 것이 가장 효과적이다.

악기를 가르치기 전에
부모가 먼저 고려해야 할 것들

우아한 악기 연주자의
우아하지 않은 직업병

'1만 시간의 법칙'이라는 말이 있다. 뛰어난 재능은 선천적으로 타고나는 것이 아니라 1만 시간에 달하는 엄청난 훈련과 연습으로 얻어진다는 개념이다. 재능 연구의 선구자로 불리는 플로리다 주립대학의 앤더스 에릭슨Anders Ericsson 교수에 따르면, 모차르트도 두 살 때부터 일주일에 35시간씩 연습하여 여덟 살에 이미 1만 시간의 훈련량을 채웠다고 한다. 나같이 평범한 사람은 감히 상상조차 하지 못할 경지이다.

그런데 내가 정말 혀를 내두르는 사람은 모차르트가 아니라 그의 아버지이다. 겨우 두 살배기에게 그런 엄청난 양의 연습을 시킬 수 있었다니, 세계에서 가장 뜨거운 교육열을 자랑하는 한국 엄마들도 울고 갈 능력이다. 나도 아이들에게 첼로와 바이올린을 가르치긴 했지만 아이가 흥미를 보이지 않으면 바로 중단할 만큼 악기 교육에 대해 시큰둥했다. 사실 아이들이 세계를 뒤흔들 음악 신동이었다고 해도 나는 모차르트의 아버지처럼 하지는 못했을 것이다. 악기를 연주하며 고통받을 아이의 척추가 그려지기 때문이다.

아이가 피아노 앞에서 건반을 두드리는 모습을 상상해보라. 페달을 밟기 위해 아이는 등받이 없는 의자 끝에 엉덩이를 걸치고 앉아 있다. 등은 구부정해지고 악보를 보려는 아이의 목은 자라처럼 앞으로 쑥 나온다. 이런 자세로 하루 5시간을 앉아 있는 것은 아이의 척추에 너무 가혹한 처사가 아닌가.

우리 병원을 찾는 환자 중에는 악기 전문 연주자들이 꽤 많다. 주로 고정적인 비대칭 자세로 오랜 기간 연습하는 바람에 허리 주변 근육이 손상됐거나 심리적인 긴장으로 근육이 경직되어 통증이 생기는 경우들이 대부분이다.

피아노나 드럼 연주자들은 손목이나 손가락 통증이 심할 것 같지만 사실은 목이나 어깨, 허리 통증을 더 많이 호소한다. 오랜 시간 앉아서 연주를 하므로 구부정한 자세를 취하기 쉽고 악보를 읽느라 자신도 모르게 목을 내밀게 되기 때문이다.

바이올린과 비올라 연주자들도 목을 혹사하기는 마찬가지이다. 왼쪽 턱밑에 악기를 갖다 대고 목을 왼쪽으로 기울인 자세로 연주하는데, 이렇게 비대칭적인 자세를 취하고 긴장하는 탓에 만성적인 통증에 시달리는 경우가 많다. 어릴 때부터 오랜 시간 이런 자세를 취해 기능성 척추측만증이 발생한 연주자들도 꽤 있다.

플루트나 대금처럼 한쪽으로만 악기를 지탱하는 연주자들에게도 고질병이 있다. 목, 어깨, 등, 허리, 팔, 손가락에 이르기까지 만성적인 통증에 시달리고 심하면 목디스크나 척추 변형이 오기도 한다. 가야금 연주자도 앉은 채 한쪽으로 허리를 비틀어 연주하는 자세 때문에 허리와 골반이 틀어지기 쉽다.

요즘은 오디션 프로그램 열풍으로 기타를 배우는 청소년이 부쩍 늘었다는데 기타리스트의 척추도 건강하지는 않다. 대개 왼쪽 다리를 발판에 올려두거나 다리를 꼬아 앉은 채 연주하므로 골반이 기울어지고 이로 인해 척추가 휘고 어깨의 높낮이가 달라질 수 있다.

악기 교육, 섣불리 시작하면 아이의 척추만 망친다

요즘 악기 한 가지 정도는 안 배우는 아이가 없다. 심지어 숨은 재능을 미리 발견해주겠다면서 서너 살밖에 안 된 아이를 음악 학원에 보내는 부모들도 있다. 악기 교육이 아이의 감성 및 두뇌 발달에 좋다는 데는 논란의 여지가 없다. 시공간 지각 능력, 논리력, 창의력을 향상시키는 것은 물론이고 반복적인 연습 과정에서 집중력과 인내심도 기를 수 있다고 한다. 아이가 다룰 줄 아는 악기가 있으면 삶이 더욱 풍요로워지기도 하다.

그런데 세상 모든 일이 그런 것처럼 악기 교육에도 명암이 존재한다. 고사리손에 처음 악기를 쥐여줄 때 부모는 아이가 얻고 잃을 것이 무엇인지 명확하게 알고 있어야 한다. 장밋빛 낙관에 빠져 무턱대고 악기를 가르치기 시작했다가 아이에게 돌이킬 수 없는 결과를 초래할 수 있기 때문이다.

우리 병원을 찾는 기능성 척추측만증 환자 가운데 대략 20퍼센트는 악기 전공자이다. 그중에는 증세가 매우 심해서 악기 전공을 포기해야 할 지경에 이른 아이도 있다. 날마다 반복되는 연습이 아이의 척추에 초래할 영향에 대해 부모가 진지하게 고민했더라면, 그래서 일찍부터 연습 자세와 척추 건강에 신경을 썼더라면 악기를 그만둘 정도로 척추 손상이 심각해지지는 않았을 것이다.

악기를 그만둘 만큼은 아니어도 일단 척추가 변형되기 시작되면 집중력이 떨어지고 통증이 심해져 실력을 향상시키기 어려워진다. 특히 청소년기에 발생한 척추 변형은 성인보다 증세가 더 빨리 악화된다. 척추 변형은 악기를 다루는 일뿐만 아니라 일상의 모든 일에 자신감을 잃게 하기 때문에 각별한 주의가 요구된다. 더욱이 척추 질환을 제때 치료하지 않고 내버려두면 성인이 됐을 때 퇴행성 변화가 빨라지고 심한 통증에 시달릴 위험도 커진다.

악기를 전공시킬 요량이라면 레슨에만 신경 쓸 것이 아니라 아이의 척추 건강을 함께 고려해야 한다. 가장 중요한 것은 바른 자세이다. 물론 악기 대부분이 한쪽으로 치우쳐 고정된 자세로 연주해야 하므로 일반적인 의미의 '바른 자세'를 취하긴 어렵다. 하지만 각각의 악기가 요구하는 바른 자세는 따로 있게 마련이고, 이를 제대로 취하지 않으면 몸에 더욱 큰 무리가 된다.

피아노나 첼로, 드럼 등 앉아서 연주하는 악기를 다룬다면 1시간마다 자리에서 일어나 30분쯤 휴식하는 것이 좋다. 연습 틈틈이 기지개를 켜거나 몸통을 돌려주는 등 가벼운 스트레칭을 해주면 도움이 된다. 평상시에는 악기를 연주할 때 쓰지 않는 반대 방향의 동작을 자주 취하는 것도 좋은 방법이다. 또한 운동을 통해 척추 건강에 필수적인 근력을 강화하고, 필요하다면 전문 기관에서 나쁜 자세를 교정받는 등 각별한 노력을 기울일 필요가 있다.

악기 연주를 위해서는 연습량이 절대적으로 중요하지만 통증이 느껴질 때조차 휴식을 취하지 않으면 자칫 심각한 결과를 불러올 수 있다. 통증이 있을 때는 연주를 즉각 중단하고 충분히 쉬어야 하며 이후에도 통증이 계속되면 병원을 찾아야 한다.

　모차르트는 두 살 때부터 피아노를 연주했다지만 너무 이른 나이에 악기 교육을 시작할 필요는 없다. 너무 일찍 시작하면 숙련 속도가 느린 것은 물론이고 몸보다 악기가 너무 크거나 바른 자세를 익히기가 쉽지 않아 척추에 큰 부담이 가해진다. 악기를 강압적으로 가르치는 경우는 두말할 필요도 없을 것이다. 뭔가를 억지로 해야 할 때 아이가 어떤 자세를 취할지 한번 상상해보라. 그저 취미로 가르치는 악기라고 가볍게 생각할 일이 아니다. 하루에 1시간씩 피아노 앞에 구부정하게 앉은 자세가 척추에 가하는 부담은 절대 가볍지 않다는 사실을 알아야 한다.

스마트폰과의 전쟁?
실은 척추와의 전쟁!

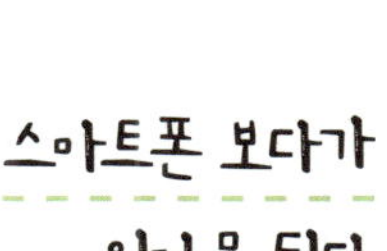

"엄마, 휴지가 없어요. 좀 가져다주세요."

"뭐? 너 어딘데?"

"우리 집 화장실이요."

바야흐로 한 지붕 아래에서도 말을 건네는 대신 문장을 전송하는 시대가 왔다. 스마트폰으로 언제 어디서고 모바일 메신저, SNS, 게임 등을 즐기게 되면서 이제 스마트폰은 현대인의 필수품으로 자리 잡았다. 스마트폰 광풍은 아이들에게도 예외 없이 불어닥쳤다. 우리나라 청소년 열에 아홉이 스마트폰을 사용한다고 하니 스마트폰 없는 아이들을 찾는 것이 훨씬 쉬울 정도이다.

우리 큰아이도 초등 3학년이 되자 스마트폰을 사달라고 조르기 시작했다. 스마트폰이 없으면 모바일 메신저나 게임을 하지 못해서 친구를 사귀기가 힘들다는 것이다. 자식이 공부 못하는 것보다 친구 없는 것이 더 두려운 부모의 아킬레스건을 정확히 건드리는 말이었다. 그래도 안 사주고 1년을 버티다가 하루 30분 이상 사용하지 않겠다는 약속을 받고서야 아이에게 스마트폰을 안겨줬다. 하지만 스마트폰을 향한 아이의 사랑은 예상외로 뜨뜻미지근했다. 처음에만 애지중지했을 뿐 얼마 지나지 않아 전원조차 켜지 않고 내버려두기 일쑤였다. 아직은 스마트폰을 만지작거리는 것보다 친구들과 뛰노는 것이 더 재미있는 모양이었다.

그래도 어쩌다 아이가 스마트폰을 손에 쥐고 있을 때면 '오랜만이니 봐주자' 싶다가도 나도 모르게 싫은 소리를 하게 된다. 아이가 스마트폰을 들여다보는 자세가 하도 불량해서이다. 소파에 삐딱하게 앉아 고개를 푹 숙인 모습을 보고 있으면 아이의 척추가 비명을 지르는 것 같다.

스마트폰이 청소년들에게 본격적으로 보급되기 시작한 것은 2009~2010년부터이다. 흥미롭게도 이 시기에 청소년 목디스크 환자들도 급증하기 시작했다. 국민건강보험공단의 통계자료를 보면 20세 미만인 목디스크 환자가 2008년에는 4,500여 명이었는데, 2011년에는

5,500여 명으로 4년 사이에 20퍼센트 이상 증가했다. 스마트폰의 보급과 목디스크 환자의 급증, 이 두 현상이 동시에 일어난 것이 과연 우연일까.

스마트폰을 올려서 얼굴 앞에 갖다 대고 보는 사람은 거의 없다. 스마트폰 앞에서는 누구나 '고개 숙인 자'가 된다. 고개를 숙이면 목은 저절로 역C자 형태로 꺾인다. 인간의 목뼈가 완만한 C자형 곡선을 이루는 데는 그만한 이유가 있다. 목뼈의 곡선이 4~7kg에 이르는 머리의 무게를 분산시키는 덕분에 우리는 온종일 고개를 들고 다녀도 피로를 느끼지 않는다. C자형 곡선은 탄성과 내구성이 강해서 진동과 충격을 흡수하는 역할도 한다. 만일 우리 목뼈가 일자형이었다면 걷거나 움직일 때마다 우리 몸이 받는 진동과 충격이 고스란히 뇌에 전달됐을 것이다.

그런데 스마트폰이나 컴퓨터를 너무 오래 사용하면 목뼈의 자연스러운 C자형 곡선이 역C자로 꺾이게 된다. 이런 상태가 지속되면 목뼈의 디스크가 뒤로 밀리면서 뼈의 형태가 변형되기 시작한다. 완만한 C자형이어야 할 목뼈가 일자형으로 바뀌는 것이다. 이런 현상을 가리켜 '일자목 증후군', 혹은 '자라목·거북이목 증후군'이라고 한다.

목뼈는 척추 중에서 뼈가 가장 가늘고 주변 근육과 인대의 힘도 약하다. 그 때문에 나쁜 자세로 인해 변형이 되거나 부상을 당하기도 쉽다. 여기에 일자목 증후군까지 나타나면 유연성이 떨어져 작은 충격에도 심각한 손상을 입을 수 있고, 머리 무게를 유연하게 떠받칠 수 없어 목뼈의 피로가 가중된다. 목이 1cm 앞으로 빠질 때마다 2~3kg의 하중이 목뼈에 더해지며 일자목에 가까워지면 최대 15kg까지 가해진다. 그야말로 쇳덩이를 뒷목에 얹고 다니는 셈이다.

목뼈가 일자형으로 변형되면 심장에서 뇌로 이어지는 신경과 혈관을 눌러 혈액순환 장애도 생긴다. 그러면 산소가 뇌로 원활하게 공급되지 못하여 만성 두통, 긴장성 두통, 어지럼증, 만성피로, 이명증 등이 나타난다. 이런 증상이 생기면 환자들은 내과, 이비인후과, 신경외과, 통증외과, 신경정신과 등을 찾곤 하는데 엑스레이나 MRI를 찍어봐도 신통한 원인을 못 찾아 애를 먹다가 척추외과에 와서야 일자목 증후군이라는 진단을 받는 경우가 많다.

증상이 심하지 않으면 단지 뒷목이 뻑뻑하고 피곤한 정도여서 운동

일자목 증후군

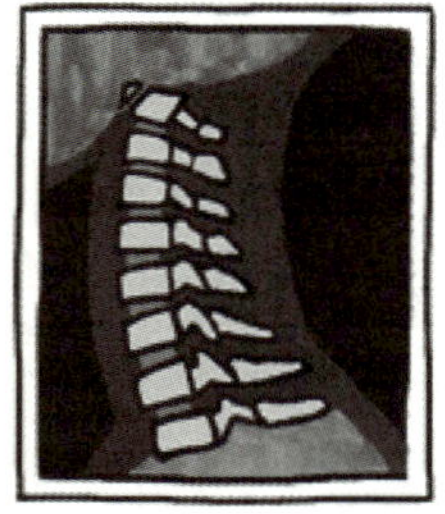

C자형 정상목

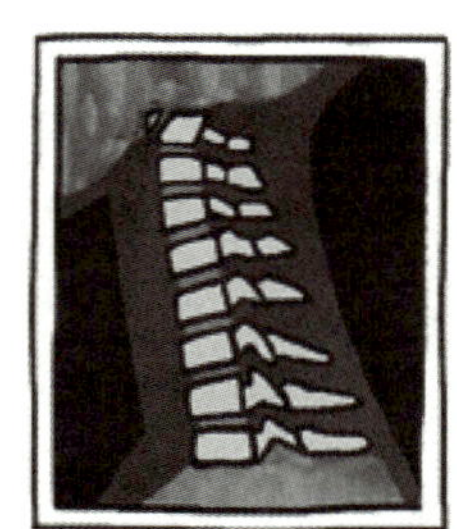

일자형 일자목

부족이겠거니 안이하게 생각하고 병원을 잘 찾지 않는다. 그러나 일자목 증후군을 제때 치료하지 않으면 고혈압, 안면 근육 비대칭, 어깨 비대칭, 척추 통증 등이 발생하고 목디스크로 이어질 수 있다.

목은 척추의 다른 부위보다 부상당하기는 쉬워도 디스크 질환에는 상대적으로 강한 편이다. 목뼈에 있는 갈고리 모양의 구상돌기가 디스크 돌출을 막아주는 역할을 하기 때문이다. 그러나 일자목 증후군이 있는 경우에는 디스크가 뒤로 찌그러지면서 목뼈가 변형된 상태이기 때문에 잘못된 자세나 부상이 목디스크로 진행될 위험이 매우 커진다.

목디스크가 위험한 이유는 척수를 누를 수 있기 때문이다. 디스크가 척수를 누르면 처음에는 목보다 어깨와 팔이 저리고 아픈 증세가 나타나는데, 대개는 이를 운동 부족이나 과로 때문이라 여기고 대수롭지 않게 넘긴다. 그러다가 신경근이 본격적으로 압박당하기 시작하면 목을 움직일 때마다 어깨와 팔이 심하게 저리고 통증이 나타난다. 또한 손발에 힘이 빠지고 감각이 무뎌져 하반신 감각장애나 부분 하반신 마비가 올 수 있고, 심하면 보행 장애, 대소변 장애, 사지 마비에 이르기도 한다.

목디스크는 조기에 발견하여 치료하는 것이 무엇보다 중요하지만 일반적인 피로감과 통증을 구별하기가 쉽지 않다. 따라서 아이가 목 뒤, 어깨, 등이 뻐근하다거나 팔에서 손가락까지 저린 느낌이 든다고 하면 일단 병원을 찾아가 검사를 받는 것이 좋다. 만일 젓가락질이나 단추 채우기가 어려울 만큼 손의 움직임이 둔해진 경우, 걸을 때 다리가 휘청거리는 경우, 통증이 없는데도 어깨를 들어 올리기 어려운 경우에는 목디스크가 상당히 진행됐다는 징조이므로 즉시 병원에 가야 한다.

스마트폰을
안전하게 들여다보는 방법은 없다

일자목과 목디스크를 예방하기 위해서는 바른 자세와 습관이 우선적으로 필요하다. 고개를 숙이고 스마트폰이나 컴퓨터를 들여다보는 경우, 장시간 앉아 있거나 비만한 경우, 책이나 신문을 바닥에 놓고 내려다보는 경우, 휴대폰이나 무거운 목걸이를 목에 걸고 다니는 경우, 너무 높은 베개를 쓰는 경우에 일자목 증후군이 생기기 쉽다. 달리 말하면 일상의 사소한 습관을 바로잡으면 일자목을 예방하거나 치료할 수 있다는 뜻이다. 의식적으로 어깨를 펴고 고개를 꼿꼿이 세우는 습관을 들이자. 목을 약간 뒤로 젖히고 상방上方 15도 정도를 주시하는 상태가 목의 정상적인 각도를 유지하는 가장 바람직한 자세이다.

스마트폰은 얼굴 높이로 들어 올리고 목을 앞으로 빼지 않도록 글자 크기를 크게 조절한다. 컴퓨터는 노트북보다 데스크톱을 사용하는 것이 척추 건강에 좋다. 컴퓨터를 사용할 때는 엉덩이와 등을 의자 등받이에 붙이고 무릎과 허벅지가 수평이 되도록 의자 높이를 조절한다. 옆에서 봤을 때 귀가 어깨, 몸통, 골반과 일직선을 그리고 양쪽 어깨의 높이가 같도록 앉아야 한다. 팔꿈치 각도는 90도가 돼야 하고, 손목은 팔꿈치와 수평이 되도록 곧게 편다. 마우스패드나 손목 받침대를 사용하면 손목이 꺾이지 않아 목과 어깨의 근육이 한결 편안해진다.

컴퓨터 모니터는 눈높이보다 15~20도 정도 아래에 두는 것이 바람직하다. 화면 위치가 너무 높으면 머리를 앞으로 빼게 되고, 너무 낮으면 고개를 숙이게 되어 목과 어깨의 근육에 무리가 간다. 화면과 눈의 거리는 40~60cm가 적당하다. 실내가 어두우면 자신도 모르게 화면에 바짝 다가가게 되므로 조명을 환하게 유지하는 것이 좋다.

무엇보다 중요한 점은 스마트폰이든 컴퓨터든 사용 시간을 줄이는 것이다. 20~30분에 한 번씩 가볍게 목 스트레칭을 해주자. 고개를 든 채 양손을 목덜미에 대고 목을 뒤로 젖히거나 이마와 턱을

동시에 뒤로 뺐다가 본래 위치로 돌아오는 운동을 반복하면 뒤틀린 목뼈를 바로 하고 목뼈 주변의 긴장된 근육을 풀어주는 효과가 있다.

얼마 전 신문에 스마트폰과 관련하여 매우 흥미로운 기사가 실렸다. 네덜란드의 한 연구팀이 디스크와 척추측만증을 앓는 만 8~18세 환자들을 조사했더니 이들 질환의 발병과 장시간 스마트폰 사용의 연관성이 높다는 것이다. 여기까지는 그리 새로울 것도 없는 내용이다. 그런데 최근 어린이 척추 환자 수가 아동 노동이 일반적이었던 100여 년 전과 비슷한 수준이라는 내용은 주목할 만하다. 스마트폰으로 게임을 하는 것은 담배 공장에서 웅크리고 앉아 오랜 시간 노동하는 것과 다름없다는 것이다.

그런데 큰아이에게 스마트폰을 사줬더니 이번에는 둘째가 스마트폰 타령을 시작했다. 다행히도 나와 아내는 큰아이에게 스마트폰을 사준 대가로 귀중한 교훈 두 가지를 얻었다. 첫째, '모든 아이가 스마트폰을 갖고 있으며 오로지 나만 스마트폰이 없다'는 아이의 말은 과장이라는 것. 둘째, 스마트폰이 없으면 친구를 못 사귄다는 말 역시 적어도 초등학생에게는 해당되지 않는다는 것. 오빠 덕분에 둘째는 아마도 중학생이나 돼서야 스마트폰을 손에 쥘 수 있을 것 같다. 운이 나쁘면 고등학생 때가 될지도 모르겠다. 당장은 딸아이에게 원망을 듣겠지만 언젠가는 '21세기형 담배 공장 노동자' 신세를 면했다는 사실에 감사할 날이 올 것이다.

배불뚝이 아빠와 엄마의
척추를 위한 육아 비법

"야, 나 좀 살려주라. 동네 정형외과 갔더니 디스크 터졌단다."

전화를 받자마자 동창 녀석의 다급한 목소리가 와락 달려들었다. 어쩌다 그 지경이 됐느냐고 물으니 아들놈을 안아주다가 그랬단다. 막달 임신부만큼 배 나온 친구가 다섯 살배기 막둥이를 번쩍 안으려다가 허리를 삐끗한 모양이었다.

야근을 마치고 지친 발걸음으로 귀가한 가장. 현관에 들어서자 저만치에서 아이가 아빠를 부르며 달려온다. 함박웃음을 지으며 힘껏 달려오는 아이를 아빠가 번쩍 안아 들고 한 바퀴 돌린다. 아름답고 훈

훈한 광경이다. 그러나 아빠가 배불뚝이라면 이 아름다운 드라마는 곧 비극적인 결말을 맞게 된다. 내 동창 녀석이 그랬던 것처럼.

돈만 벌어다 주면 아빠가 할 일은 끝이라 했던 예전과 달리 요즘은 아빠들도 육아에 적극적으로 참여하는 시대이다. 그러다 보니 아이와 놀아주다가 병원 신세를 지는 아빠들이 부쩍 늘었다. '아빠 몸이 놀이터이다'라는 신개념 육아 트렌드를 따라잡으려다가 무리한 탓이다. 물론 아이와 몸으로 놀아주는 것은 좋은 일이다. 문제는 운동 부족과 복부 비만으로 약해진 아빠들의 체력으로는 아이의 넘치는 에너지를 감당하지 못한다는 것이다.

복부 비만 체형은 복근의 힘이 약해서 아랫배의 무게를 순전히 허리가 떠받쳐야 한다. 그러다 보니 허리가 점점 뒤로 기울고 척추의 S자 곡선이 무너지기 시작한다. 여기에 상체의 무게까지 감당하려니 허리 통증이 안 생길 수가 없다. 그렇게 가만히 숨만 쉬고 있어도 위험한 척추로 아이를 번쩍 안아 올린다면 어떨까? 아빠의 허리에 전해지는 하중은 아이 체중의 10~15배에 달한다. 더군다나 전속력으로 달려오는 아이를 안으면 하중은 이보다 훨씬 커진다. 그야말로 위험천만한 애정 표현인 셈이다.

아빠의 척추 건강을 위해서는 적당히 몸을 사려야 한다. 허리를 굽힌 채 아이를 달랑 들어 올리면 아빠의 척추에 무리가 갈 뿐만 아니라 아이도 다칠 수 있다. 아이를 들어 올릴 때는 허리와 함께 무릎도 구부려 허리가 아닌 다리 힘으로 일어서야 한다. 아이를 안을 때는 최대한 가슴에 밀착되게 안아야 척추에 부담이 줄어든다. 다시 한 번 말하지만 저만치 있는 아이에게 달려와 안기라며 팔을 벌리는 행동은 금물이다. 행여 아이가 달려와 안기려고 해도 손사래를 치며 막을 일이다.

놀이공원에 가면 아이를 목말 태우고 다니는 아빠들을 심심찮게 볼 수 있다. 화목하고 행복해 보이는 풍경에 찬물을 끼얹고 싶지는 않지만, 아빠들의 척추 건강을 위해 할 말은 해야겠다. 머리 무게만으로도 목 주변의 근육은 늘 피로한 상태이다. 여기에 아이 무게까지 더해지면 목뼈는 앞으로 굽으면서 역C자형으로 휘고 주변 근육이 긴장하면서 무리가 간다. 특히 평소 목디스크를 앓고 있거나 복부 비만이 심한 아빠들에게는 더욱 큰 충격이 전해져 자칫 목을 삐거나 심하면 디스크 탈출이나 어깨 탈구 등 커다란 부상으로 이어질 수 있다.

하지만 가장이 어디 제 한 몸간 챙길 수 있나. 아이가 목말을 못 탈 바에야 놀이공원 한복판에 드러누워 발버둥을 칠 기세라면 별수 없이 목

과 어깨를 내줄 수밖에 없다. 이런 난처한 상황에 부닥친 아빠들을 위해 몇 가지 요령을 전수하고자 한다.

첫 번째, 아이를 목말 태운 다음 일어서지 말고, 일어선 상태에서 다른 사람의 도움을 받아 아이를 목말 태우는 게 부상의 위험이 적다. 불가피하게 앉은 자세에서 목말을 태워야 한다면 한쪽 무릎을 꿇고 반대쪽 무릎은 약간 구부린 자세에서 허리는 숙이지 않고 다리 힘으로만 일어서야 한다.

두 번째, 아이가 목말을 탄 채 다리를 버둥거리거나 몸을 심하게 움직이면 아빠의 목과 어깨에 극심한 충격이 전해질 뿐만 아니라 아이까지 위험해진다. 따라서 아이가 움직이지 못하도록 아이의 두 다리는 아빠의 목을 감싸듯이 가슴 쪽으로 내려오게 하고, 아이의 두 손을 아빠의 손으로 감싸 쥔다.

세 번째, 아빠에게 통증이나 이상 신호가 오면 즉시 아이를 내려놓는다. 별 이상이 없더라도 15분에 한 번씩 아이를 내려놓고 가벼운 맨손체조나 스트레칭을 통해 뭉

친 근육과 관절을 풀어줘야 한다.

　마지막으로 오랜만에 아빠 노릇을 제대로 하겠다며 놀이 기구를 마구잡이로 타다가는 이튿날 병원 신세를 질 수 있으니 주의해야 한다. 이런 참사를 막으려면 놀이 기구를 타기 전에 충분한 스트레칭으로 긴장된 근육을 풀어준다. 평소 허리가 안 좋았던 아빠라면 롤러코스터만큼은 타지 않길 바란다. 급격한 하강을 반복하는 동안 평상시보다 몇 배에 달하는 압력이 디스크에 가해져 큰 부상을 당할 위험이 있다.

적당히 안아주는 엄마의 허리가 건강하다

　육아로 인한 뼈아픈 고통이 아빠들에게만 있을 리 없다. 상대적으로 육아를 담당하는 시간이 긴 엄마들의 경우 각종 뼈 질환들을 안고 산다. 신생아를 돌보는 엄마들의 경우 건초염이 많이 생긴다. 안을 때, 눕힐 때, 젖을 물릴 때 등 목을 가누지 못하는 아기의 머리를 손으로 받치느라 손목을 반복적으로 사용하기 때문이다. 건초염은 손목에서 엄지손가락으로 이어지는 장무지외전근, 단무지신근이라는 두 힘줄과 이를 둘러싼 막에 염증이 생기는 질환이다. 처음에는 엄지손가락부터 손목까지 저릿저릿하다가 나중에는 통증이 점차 커져 행주를 짜거나 아기를 안지 못할 정도가 된다. 손목을 쓰지 않고 휴식을 취하는 것이 가장 좋은 치료법인데, 엄마들은 마음 편히 쉴 수도 없으니 치료가 더뎌지기 일쑤이다.

손목뿐만 아니라 목과 어깨, 허리 통증을 호소하는 엄마들도 많다. 아무리 젖먹이 아기라도 오랜 시간 안고 있으면 허리와 고개가 앞으로 나오면서 목과 어깨의 근육이 뭉치고 목뼈에 부담이 가기 마련이다. 아기띠로 아기를 앞으로 매면 무게중심이 앞으로 쏠리기 때문에 중심을 잡기 위해 허리가 한껏 뒤로 젖혀진다. 반대로 아기를 뒤로 업으면 무게중심이 골반 뒤로 이동하여 목은 젖혀지지만 머리의 중심선은 앞에 놓여 목과 어깨와 등의 근육에 무리가 간다.

특히 복부 비만이거나 임신 중인 엄마라면 아이를 안거나 업을 때 더욱 조심해야 한다. 얼마 전, 한 임신부가 큰아이를 돌보다 디스크가 터져 내원한 일이 있었다. 잔뜩 부른 배로 인해 척추가 앞으로 심하게 휘어 있던 상태에서 큰아이를 안아 올리려다 그만 디스크가 터진 것이다. 아이 몸무게가 가볍다고 얕잡아볼 일이 아니다. 몸무게와 상관없이 아이를 안거나 업는 시간이 30분을 넘어가면 척추와 관절에 큰 무리가 간다는 사실을 잊지 말자. 최소한 30분에 한 번은 아이를 내려 놓고 충분히 쉬어야 한다. 아이를 안을 때는 한 방향으로만 안지 말고 양쪽으로 번갈아 안아야 부모 신체의 좌우 균형이 깨지지 않는다. 또한 아이와 외출할 때는 가까운 거리라도 유모차를 챙기는 것이 좋다. 아이를 계속 안고 다니는 것보다 잠시라도 유모차에 태우는 것이 부모의 척추 건강을 위한 길이다.

아이를 키우다 골병들지 않으려면 '적당히'가 답이다. 아기는 적당히 안아주고 적당히 울릴 줄도 알아야 한다. 많이 안아주지 않으면 아기가 애정 결핍에 걸릴 수도 있다고 우려하는 부모들도 있는데 그렇지 않다. 오히려 조금만 칭얼대도 안아주는 버릇을 들이면, 눕히기만 하면 울음을 터뜨리는 일명 '손 탄 아기'가 될 우려가 있다. 무조건 부모의 손길이 필요한 것은 아니다. 아기도 혼자 놀 줄 알아야 한다. 그러니 죄책감을 느끼지 말고 적당히 안아주자. 특히 배가 나온 부모라면 자기 허리부터 챙기고 볼 일이다.

부모와의 유대가
아이의 척추를 바로잡는다

부모의 비난이
아이를 더욱 웅크리게 한다

한 부모가 딸이 학교에서 척추측만증 진단을 받았다며 중학교 2학년 여자아이를 데리고 진료실을 찾아왔다. 엑스레이를 찍어보니 아이의 척추는 왼쪽으로 15도 정도 휘어 있었다. 척추측만증은 맞지만 심각한 상태가 아니니 바른 자세를 취하고 꾸준히 운동하면 크게 나빠지지 않을 거라고 말해줬다. 그러자 딸의 아버지는 집사람이나 자신이나 척추에는 이상이 없는데 왜 딸의 척추만 휘었느냐며 영문을 모르겠다는 듯 되물었다. 특발성 척추측만증은 그 원인을 알 수 없다고 설명했지만, 아버지는 아이를 못마땅하게 바라보며 왜 아이의 척추만 휘었느냐며 계속 혼잣말을 했다. 마치 아이가 뭔가를 잘못해서 대단한 장애라도 갖게 됐다는 투였다.

보다 못한 나는 더 자세하게 설명했다. 특발성 척추측만증은 잘못된 자세가 원인일 수 있지만 정확한 원인은 모르고, 아이 탓으로 생기는 질환도 아니라고 말이다. 하지만 아버지는 아이의 척추가 휘었다는 것 말고 다른 말은 귀에 들어오지 않는 것 같았다. "그러니까 아빠가 자세 똑바로 하라고 그랬어, 안 그랬어. 척추가 이렇게 휘었다는데 이제 어쩔 거야?"라며 아이에게 면박을 주더니, 아이 척추가 이렇게 휠 때까지 뭘 했느냐며 부인에게 비난의 화살을 돌렸다. 아버지가 붉으락푸르락 달아오른 얼굴로 분노를 터뜨리는 동안 구부정한 자세로 앉아 있던 아이의 어깨는 더욱 움츠러들었다.

물론 아버지의 마음도 이해는 갔다. 오죽 놀라고 속상했으면 내 앞에서 분통을 다 터뜨렸을까. 하지만 아버지의 분노와 짜증을 목격한 아이는 더 이상 몸의 이상에 대해 부모에게 털어놓지 말아야겠다고 굳게 다짐했을 것이다.

우리 병원 홈페이지의 온라인 상담 코너에는 가끔 중학생들의 글도 올라오는데 대개 이런 식이다.

"친구들이 내 어깨가 기울었다고 하는데 아직 엄마, 아빠는 몰라요. 이거 척추측만증인가요? 척추측만증이면 부모님한테 엄청 혼날 텐데 치료 안 받으면 어떻게 되나요?"

엄마, 아빠가 자신을 비난하고 야단칠 것이 무서워 병원에 오기는커녕 부모에게 입도 뻥긋 못해봤다는 것이다. 과연 아이들이 잘못 생각하고 있는 것일까? 부모는 그렇지 않은데 사춘기 아이들이 부모를 오해하는 것은 아닐까?

하지만 유감스럽게도 진료실에서 내가 만난 부모들의 반응은 대체로 아이들의 예상과 거의 같았다. 아이가 척추측만증을 진단받은 후 많은 부모들은 "그러게 똑바로 앉으라고 하지 않았니? 엄마 말 안 듣더니 꼴이 그게 뭐야. 너 때문에 속상해서 못살겠다"는 식의 반응을 내보였다. 부모는 자기만 아이를 잘 안다고 생각한다. 하지만 아이도 부모를 잘 안다. 척추에 문제가 있다고 진단받는 순간 자신에게 쏟아질 부모의 힐난이 두려워 아이는 입을 다문다. 그러는 동안 아이의 척추는 계속 휘어간다. 일찍 발견했더라면 비교적 수월하게 치료했을 증세가 걷잡을 수 없이 악화된다.

부모들의 비난은 치료 과정에서도 이어진다. 한번은 병원 계단참에서 시끄러운 소리가 나기에 가봤더니 한 엄마가 "너, 왜 선생님들이 시키는 대로 안 하니? 네가 자꾸 그러니까 안 낫는 것 아냐. 평생 그런 꼴로 살고 싶어?"라며 아이에게 호통치고 있었다. 그 아이는 초등 5학년이었는데 특발성 척추측만증과 일자목 증후군으로 세 달 가까이 치료를 받고 있었다. 워낙 어린 데다 통증도 없으니 치료에 성실히 임했을 리 없고, 그러다 보니 호전 속도가 더뎠다. 엄마는 너무 속상한 나

머지 야단을 쳤겠지만, 아이의 입장에서는 엄마가 그럴수록 치료가 더욱 싫어질 수밖에 없다.

척추 질환이 생긴 이유를 추궁하고 치료를 잘 따르지 않는다고 아이를 비난하는 것은 오히려 아이의 치료 의지를 꺾는 행동이다. 척추 질환을 제대로 치료하려면 부모가 아이를 감싸고 지지해줄 필요가 있다. 병원에서 청소년 특발성 척추측만증 치료에 부모 상담을 포함하는 것도 이런 이유 때문이다.

부모의 칭찬과 격려 한마디가 의사의 열 마디보다 낫다

오다리로 치료받았던 고등학교 3학년 여학생이 있었다. 두세 달 동안 치료를 받으며 물리치료사들과 꽤 친해졌다고 한다. 하루는 물리치료사가 오다리 교정기를 여학생의 다리에 설치해주면서 "어, 얼굴에 여드름 났네" 하고 한마디했단다. 그런데 30분 후 교정기를 풀어주자 여학생이 울면서 뛰쳐나갔다는 것이다. 그 뒤로 여학생은 치료실에 나오지도, 전화를 받지도 않았고 여태까지 소식이 없다. 물리치료사는 자신이 아무렇지도 않게 건넨 말 한마디가 아이에게 그토록 큰 상처가 되리라는 걸 몰랐을 것이다. 아이의 마음을 모르기는 부모도 마찬가지이다. 부모 딴에는 아이가 걱정되어 하는 말이겠지만 아이는 엄청 난 상처를 받는다.

또 한번은 이런 일이 있었다. 척추측만증 치료를 받고 있던 아이에 게 "어떠니? 치료받으니까 좀 나아진 것 같아?" 하고 묻자 아이는 고개 를 끄덕이면서 "좋아진 것 같아요"라고 대답했다. 그런데 옆에 앉아 있 던 엄마가 "좋아지긴 뭘 좋아져? 엑스레이 찍은 것 보니까 하나도 안 펴졌던데" 하고 아이에게 쏘아붙였다. 아이는 엄마의 말에 대꾸하지 못하고 고개만 푹 숙였다. 진료실에서 이런 모습을 볼 때마다 참 안타 깝다. 아이도 속상할 텐데 부모는 왜 그런 아이의 마음을 헤아려주지 못할까. 아이가 스스로 좋아졌다고 느낀다면 빈말이라도 "참 다행이구 나. 앞으로 더 열심히 치료받자" 하고 어깨를 다독여줄 수는 없는 걸까.

척추 질환이 있는 아이들은 대개 소심한 성격인 경우가 많다. 척추 가 휜 탓에 소심해진 경우도 있고, 소심한 성격 탓에 늘 움츠리고 다녀 서 척추가 안 좋아진 경우도 있다. 소심하고 상처를 잘 받는 아이들에 게 부모들은 너 때문에 척추가 휘었다고 말한다. 무심코 던진 말 한마 디가 아이의 마음에 생채기를 낸다는 사실을 부모는 까맣게 모르는 것 같다.

물론 부모라고 아이가 언제나 사랑스럽지는 않다. 아이를 사랑하지 만 아이가 자기 기대에 어긋날 때는 부모도 아이가 원망스럽고, 그로 인해 좌절감을 느끼기도 한다. 부모가 아이에게 던지는 송곳 같은 비난의 말도 이런 심리 기제에서 나오는 것이 아닐까. 하지만 걱정된다는 미명하에 아이를 힐난하는 말은 아이의 마음을 더욱 움츠러들게 하고 치료에도 악영향을 준다.

지금까지의 경험으로 미루어 단언하건대, 부모와의 관계가 원만하지 않은 아이는 치료 경과도 좋지 않다. 반대로 부모와 돈독한 유대 관계를 맺고 있는 아이는 치료 경과도 매우 좋다. "괜찮아. 엄마가 보기에는 많이 좋아졌어", "많이 힘들지? 그래도 조금만 힘내자", "열심히 치료받는 네가 엄마는 정말 자랑스럽구나" 등 아이들은 부모의 이런 말들에 정말로 힘을 낸다. 부모의 말 한마디가 아이의 휜 척추를 곧게 돌려놓을 수 있다. 애정 어린 부모의 한마디는 의사의 열 마디보다 강하다.

척추가 좋아하는 자세

★ 세수하거나 머리 감을 때

매일 아침 세수를 하기 위해 몸을 구부리는 사소한 동작도 척추에는 무리가 될 수 있다. 허리를 숙이면서 디스크가 뒤로 밀리기 때문에 되도록 허리와 고개를 덜 숙이는 방법을 찾아야 한다. 서서 세안할 때는 발 받침대에 한 발을 올려 체중을 분산시키는 것이 좋다. 머리는 샤워기를 이용하여 고개를 뒤로 젖힌 자세로 감는다. 바닥에 쪼그려 앉아 세수하거나 머리를 감는 것은 디스크의 압력을 높여 요통을 유발하므로 피해야 한다.

★ 책 읽을 때

책은 눈높이까지 들어 올려 읽어야 척추에 무리가 가지 않는다. 책을 바닥이나 무릎에 펼쳐놓고 읽으면 허리를 깊이 숙이게 되므로 척추 건강에 해롭고 혈액순환을 방해하여 집중력을 떨어뜨린다. 이런 자세를 자주 오래 취하면 일자목을 유발할 위험도 있다.

★ 걸을 때

걸을 때는 가슴을 펴고 턱을 당겨 척추의 본래 모양이 유지되는 자세로 걸어야 한다. 상체에 힘을 지나치게 빼면 등과 어깨가 구부정해지고, 반대로 상체에 힘을 너무 줘도 허리가 뒤로 젖혀져 척추의 부담이 커진다. 발은 11자 또는 11자에서 살짝 옆으로 틀어진 모양을 유지하며 걷는다. 뒤꿈치가 먼저 바닥에 닿은 뒤 무

게중심을 앞으로 옮겨 발가락으로 바닥을 미는 기분으로 걸어야 척추의 충격을 줄일 수 있다.

★ 대중교통을 이용할 때

버스나 지하철에서는 혹시 모를 충격에 대비하여 손잡이와 기둥을 잘 잡고 몸으로 자연스럽게 무게중심을 잡는다. 체중을 실어 손잡이에 매달리거나 기둥에 몸을 기대면 척추의 균형이 흐트러진다.

★ 공부할 때

등과 엉덩이를 의자 등받이에 밀착시킨 상태에서 책을 높이 세워 고개를 덜 숙인 채 공부해야 한다. 의자 아래에 발 받침대를 놓으면 무릎 높이가 엉덩이보다 높아 척추와 다리가 편안해진다. 책상과 의자 사이의 거리가 너무 멀면 상체가 불안정하여 턱을 괴거나 머리를 손으로 받치기 쉬우므로 책상과 배 사이에 주먹 하나가 들어갈 정도의 거리를 유지하는 것이 좋다.

★ 스마트폰 사용할 때

스마트폰을 눈높이로 들어 올려 사용해야 목에 부담을 주지 않는다. 통화할 때는 이어폰을 낀 채 바른 자세로 앉는다. 스마트폰을 어깨와 귀 사이에 끼거나 전화기 쪽으로 고개를 기울이면 목뼈가 틀어지기 쉽고 근육통이 생길 수 있다.

★ 컴퓨터를 사용할 때

등과 엉덩이를 의자 등받이에 바짝 밀착시
킨 자세로 바르게 앉는다. 키보드에 팔을
올렸을 때 손목과 팔꿈치가 수평을 이루
어야 한다. 모니터는 눈높이보다 10~15도
낮은 위치에 둔다. 다리를 꼬고 앉거나 옆
으로 비스듬히 앉는 자세는 척추의 균형
을 무너뜨리고 집중력을 떨어뜨리므로 피
해야 한다. 모니터를 들여다보기 위해 목
을 앞으로 길게 빼는 자세는 일자목과 목
디스크의 원인이 된다.

★ 학교에서 쉴 때

가장 좋은 휴식은 의자에서 일어나 가벼
운 스트레칭을 하거나 산책을 하는 것이
다. 자리에서 잠깐 쪽잠을 청할 때는 의자
등받이에 기대어 바른 자세로 앉되, 목 베
개와 발 받침대를 이용하면 편안한 자세
를 취할 수 있다. 책상에 엎드리거나 의자
에 비스듬히 앉아 몸을 늘어뜨리고 자는
것은 디스크에 부담을 가중시켜 요통을
유발할 수 있으므로 되도록 피한다.

★ TV를 볼 때

소파에 앉아 등받이에 허리와 엉덩이를
밀착시킨 자세로 시청한다. 쿠션으로 허
리를 받치거나 발 받침대를 사용하면 한
결 편안한 자세가 된다. 팔베개를 한 채
옆으로 누운 자세, 소파 팔걸이를 베고 옆
으로 누운 자세, TV를 향해 목을 기울인
자세 등은 척추 변형의 원인이 되므로 피
해야 한다.

★ 잘 때

수면 자세는 바꾸기 어렵지만 되도록 바른 자세를 유지하도록 노력해야
한다. 천장을 향해 똑바로 누워 자는 자세가 가장 좋고, 옆으로 누워 자
는 습관이 있다면 눕는 방향을 자주 바꿔줘야 한다. 엎드려 자면 척추에
매우 해로우므로 점진적으로 습관을 고쳐나간다.

사소한 생활습관이 아이의 척추를 좌우한다

★척추는 바닥을 좋아하지 않는다 ★살, 너무 쪄도 너무 빼도 척추에는 골칫덩이 ★패션의 완성은 척추이다 ★척추는 아이가 자는 동안 자란다 ★허리 아프다는 아이, 성장통 아니면 꾀병? ★키 안 크는 아이, 척추 건강부터 확인하자 ★껌 씹는 습관이 아이의 척추에 일으키는 나비효과 ★척추가 아이의 성격을 바꾼다

척추는 바닥을
좋아하지 않는다

TV에서 어린이집 수업 광경을 비추고 있었다. 두세 명씩 짝을 지어 놀고 있는 아이들에게 선생님이 "자, 여기 바른 자세로 앉아요. 책상다리 하세요"라고 말했다. 아이들은 선생님 말씀대로 작은 칠판 앞에 책상다리를 한 채 둥글게 모여 앉았다. 아이들이 귀엽고 사랑스럽다는 생각도 잠시, 나는 직업병이 발동했다. 책상다리가 바른 자세라는 어린이집 선생님의 말에 마음이 불편해지기 시작한 것이다.

앞에서 여러 번 말한 것처럼 앉는 자세는 척추에 좋지 않다. 되도록 덜 앉는 것이 좋고, 바닥보다는 의자에 앉는 것이 낫다. 굳이 바닥에 앉아야 한다면 그나마 척추에 덜 해로운 자세로 앉아야 한다. 그러나 한쪽 다리를 오그리고 다른 쪽 다리를 그 위에 포개어 얹어 앉는 책상다리는 절대 좋은 자세가 아니다. 아빠 다리나 양반 다리로도 불리는 이 자세를 취하면 우선 허리가 구부정허진다. 허리를 반듯하게 세우려면 의식적으로 힘이 들어가야 해서 자신도 모르게 금세 구부정한 자세로 되돌아간다. 또한 이 자세는 골반이 뒤로 기울면서 엉덩관절이 정상적인 위치에서 벗어나 고정되는데, 이 현상이 지속되면 한쪽 다리가 틀어진다. 결국 다리 길이가 달라지거나 양쪽 다리가 모두 틀어지면서 오다리가 될 수 있다.

물론 아이들이 책상다리로 앉는다고 당장 큰 문제가 생기는 것은 아니다. 어릴수록 엉덩관절을 둘러싼 근육의 탄력이 좋기 때문에 자세를 바꾸면 관절은 금세 원래 위치로 돌아간다. 문제는 어릴 때부터 책상다리로 앉는 습관이 몸에 배면 허리와 엉덩관절, 다리의 형태가 점차 변형되어 책상다리로 앉아야만 편안함을 느끼게 되고, 어른이 되어서는 교정이 쉽지 않다는 것이다. 따라서 어릴 때부터 책상다리가 바른 자세라고 가르쳐서도 안 되고, 책상다리로 장시간 앉아 있게 해서도 안 된다.

아이들이 바닥에서 노는 모습을 보면 책상다리보다 W자로 앉는 경우가 더 많다. 그런데 다리를 벌린 채 무릎을 꿇어앉는 W자 앉기는 책상다리보다 더 해롭다. 만 2세 이전 아이의 다리는 무릎의 축이 바깥을 향하는 오다리가 정상이다. 그러다가 만 2세 이후에는 일자 다리를 거쳐 엑스다리로 바뀌고 만 6세가 되면 다시 일자 다리로 돌아와 성인이 될 때까지 이 형태를 유지한다. 그런데 아이가 W자로 앉아 버릇하면 엑스다리에서 일자 다리로 바뀌지 않고 계속해서 엑스다리로 남게 되고, 무릎의 축이 안쪽을 향하게 되어 안짱걸음을 걷게 된다. 따라서 아이가 바닥에 W자로 앉을 때마다 아이를 의자에 앉히거나 두 다리를 쭉 뻗고 앉게 해야 한다.

10대 여자아이들은 한쪽 무릎이나 양쪽 무릎을 세워 앉거나 다리를 모아 옆으로 앉는 경우도 많다. 그러나 이런 자세도 허리를 구부정하게 만들고 척추를 한쪽으로 심하게 기울게 하므로 좋은 자세가 아니다.

빨래를 하거나 세수를 할 때 쪼그려 앉는 것도 허리와 무릎에 무리를 주는 매우 나쁜 자세이다. 바닥에 쪼그려 앉으면 체중의 2~3배에 달하는 하중이 허리에 몰린다. 이 자세를 오랫동안 유지하는 경우에는 과도한 압력에 디스

책상다리보다 더 해로운 W자 앉기

크가 뒤로 밀리면서 허리 디스크를을 유발할 수도 있다. 또한 엉덩관
절과 무릎관절이 손상되어 통증이 생기고 관절의 퇴행도 가속화된다.
꼭 쪼그려 앉아야 하는 상황이라면 엉덩이 밑에 낮은 의자를 받쳐 허
리와 다리에 체중이 몰리지 않도록 해야 한다.

어떤 자세든 아이를 오래 앉히는 것은 금물

어쩔 수 없이 바닥에 앉아야 할 때 그나마 가장 바람직한 자세는
무릎을 꿇고 앉는 것이다. 이 자세가 낫다고 하는 이유는 책상다리나
다리를 펴고 앉는 자세보다 허리를 곧게 세우기가 쉽기 때문이다. 그
러니 허리를 구부정하게 한 채 무릎만 꿇으면 좋은 자세라고 할 수 없
다. 허리와 가슴을 반듯하게 펴고 엉덩이를 바싹 끌어당긴 채 무릎을
꿇으면 척추 본래의 S자형 곡선이 유지되는 매우 바람직한 자세가 된
다. 일본 영화에 등장하는 기모노를 입은 여인의 앉은 자세를 연상하
면 이해가 쉬울 것이다.

그런데 이 자세가 허리에는 바람직해도 무릎에는 좋지 않다. 무릎
을 많이 구부릴수록 압력이 크게 가해져 무릎관절에 무리가 가기 때
문이다. 허리를 웃게 하자니 무릎이 우는 격이다. 특히 성장기 아이가

무릎을 꿇은 자세로 오래 자주 앉아 있으면 피가 잘 통하지 않아 무릎 성장판 이상이나 하지 발달 장애가 생길 수 있다. 무릎을 꿇고 앉을 때는 통증을 덜 수 있도록 반드시 방석을 깔고 장시간 앉아 있지 않도록 주의해야 한다.

양다리를 앞으로 쭉 뻗고 발끝을 나란히 한 채 앉는 자세도 척추와 무릎에 비교적 덜 해로운 자세이다. 다만 등을 구부리거나 한쪽 다리를 다른 쪽 다리 위에 올려놓아서는 안 된다. 팔로 체중을 지탱하면 팔에 무리가 가므로 손은 앞으로 모은다. 등받이가 있는 좌식 의자나 벽에 등을 기대면 허리를 세우기가 한결 편해진다. 그러나 이 자세에도 단점은 있다. 일단 벽이나 좌식 의자 없이는 허리를 편 채 오래 앉

아 있기 힘들다. 또 어려운 자리에서는 보기 흉하고 예의에 어긋나는 자세이기도 하다.

사실 바닥에 앉을 때 어떤 자세가 가장 바람직하냐를 따지는 것은 어리석은 일일지도 모른다. 앉는 자세, 더욱이 바닥에 앉는 자세는 척추에 절대 이롭지 않기 때문이다. 그나마 두릎을 꿇거나 양다리를 앞으로 쭉 뻗고 앉는 자세가 다른 자세보다 낫긴 하지만 의자에 앉거나 선 자세보다는 좋은 자세라 할 수 없다. 어떤 자세로 앉든 같은 자세로 오래 앉아 있으면 척추에는 해롭기 마련이다. 방바닥에 앉은 아이의 자세를 교정해주는 것도 중요하지만, 그보다는 자주 일어서서 자세를 바꾸게 하는 것이 훨씬 중요하다.

척추가 좋아하는 음식 vs 싫어하는 음식

칼슘과 수분, 두 가지면 충분하다

우리 아이들은 약간 마른 몸매에 동작이 날래고 건강하다. 막내가 비염을 약하게 앓고는 있지만, 다른 두 아이는 잔병치레조차 없다. 세 아이가 모두 건강하니 무슨 보약을 먹이느냐는 질문을 많이 받는데, 나와 아내는 아이들에게 따로 보약이나 영양제를 먹이지 않는다. 그저 아이들이 밥을 잘 먹어줄 뿐이다. 반찬도 보통 김치와 된장찌개가 전부이다. 지인들은 김치만 먹고도 그리 건강하다니 김치에 인삼이라도 넣었느냐면서 농담하기도 한다. 아이들이 밥도 어찌나 많이 먹는지 거의 머슴밥 수준이다. 그런데도 살이 안 찌는 건 김치와 나물, 찌개 위주의 소박한 밥상 덕분인 것 같다.

　아이들의 간식도 군고구마, 찐 감자, 옥수수 등 가공하지 않은 음식들 위주이고 피자, 김밥, 떡볶이 등도 사 먹이는 법 없이 아내가 손수 요리한다. 나는 아내에게 가끔은 아이들과 외식도 하고 인스턴트 음식도 먹이라고 한다. 말이 소박한 밥상이지 나물을 무치고 찌개를 끓이는 일이 여간 번거롭지 않다는 것을 알기 때문이다. 그런데도 아내의 집밥 예찬론은 확고하다. 장모님이 아내를 그렇게 키우셨기에 아내도 인스턴트 음식이나 배달 음식을 좋아하지 않고, 아이들 역시 그렇게 키우고 싶다는 것이다. 아내는 아이들에게 인스턴트 음식이나 패스트푸드를 먹이다가 비만, 성조숙증, 알레르기로 병원에 데리고 다니느니 차라리 집밥을 만드는 번거로움을 선택하겠다고 했다. 아내의 고마운 고집이다.

　척추전문의의 식탁에는 뼈에 좋은 특별한 식단이 오르지 않을까 생각하겠지만 그렇지도 않다. 뼈에 좋은 음식을 먹는다기보다 정성껏 만든 음식을 적당량 먹는 것이 건강에 좋고 뼈에도 좋다. 굳이 특별한 점을 꼽는다면, 아이들의 칼슘 섭취에는 신경을 쓴다. 우리나라 소아 청소년의 75퍼센트가 칼슘이 부족하다고 한다. 특히 여자아이들이 남자아이들보다 칼슘이 모자란 경우가 많아 여중생의 87.8퍼센트가 칼슘이 부족한 것으로 나타났다. 영양 과잉의 시대라고 해도 정작 성장기에 필수적인 칼슘 섭취는 소홀히 하고 있는 것이다.

그렇다면 어떻게 해야 아이들이 칼슘을 섭취할 수 있을까? 우유를 마시는 것이 가장 손쉬운 방법이다. 아이들의 하루 칼슘 권장량은 700~900mg인데, 우유 한 잔에는 약 200mg의 칼슘이 들어 있다. 다만 포화지방산을 지나치게 섭취하지 않으려면 저지방 우유를 선택하는 것이 좋다. 미국소아과학회에서도 아이가 만 2세 이상이 되면 저지방 우유를 먹이라고 권한다. 만약 아이가 우유를 잘 안 먹는다면 치즈를 먹이는 것도 방법이다. 치즈는 우유 성분이 10배 농축된 만큼 칼슘 함량도 매우 높다. 체다 치즈 100g당 칼슘 800mg이 함유되어 있기 때문에 치즈는 골격 형성에 매우 좋은 음식으로 꼽힌다.

아이가 우유는 물론 치즈까지 싫어한다면 멸치 요리를 추천한다. 멸치에는 칼슘이 풍부하게 들어 있어 성장기 아이들의 뼈 건강과 신체 발달은 물론이고 성인의 골다공증 예방, 노화 방지에도 매우 효과적이다. 멸치를 먹을 때 비타민C, 비타민D를 함께 섭취하면 칼슘 흡수율을 더욱 높일 수 있다. 비타민C는 사과, 오렌지 등 각종 과일에 많고, 비타민D는 어류와 조개류 등에 들어 있다. 비타민D는 하루 15분 이상 햇볕을 쬐도 체내에서 합성된다.

겨울철 보양식으로 많이 먹는 사골국도 뼈에 좋은 음식이다. 사골국은 칼슘을 비롯해 콜라겐, 황산콘드로이친, 마그네슘, 칼륨, 나트륨, 철분 등 각종 무기물을 골고루 함유하고 있지만 열량이 높은 음식으로 알려져 어떤 사람들은 꺼리기도 한다. 그러나 최근 농촌진흥청에서는 사골국을 식힌 다음 표면에 뜬 기름기를 두세 차례 걷어내면 지방 함량이 1퍼센트 이하로 낮아진다고 발표했다. 열량도 100ml당 47kcal로 저지방 우유와 비슷하다. 사골국은 한 번 끓여 연속해서 먹는 경우가 많은데, 그럴 경우에는 칼슘 흡수를 방해하는 인 성분까지 과다 섭취하게 되어 오히려 칼슘 섭취에 해롭다. 그러니 사골국을 많이 끓였다면 조금씩 나눠 담아 냉동시켰다가 필요할 때마다 적당량을 먹는 것이 좋다.

우리 아이들이 좋아하는 두부 역시 뼈와 척추 건강에 좋은 음식으로 꼽힌다. 두부는 단백질이 풍부한 식품으로 잘 알려졌지만 칼슘 함유량도 높아서 200g짜리 두부 한 모를 먹으면 하루 칼슘 권장량의 40퍼센트 가까이 섭취할 수 있다.

척추에 좋은 식단이라 하면 흔히 칼슘부터 떠올리는데 사실은 수분 섭취도 매우 중요하다. 디스크의 중심 부위인 수핵은 수분으로 구성된다. 수분을 충분히 섭취하지 않으면 수핵이 촉촉한 상태로 유지되지 못하고 척추의 영양 공급과 노폐물 배출이 원활하지 않게 된다. 또한 부상이나 과로로 디스크나 협착증같이 심각한 척추 질환이 발생할 위험도 커진다. 따라서 척추를 건강하게 관리하기 위해서는 하루에 물 2리터 정도를 마시는 습관을 들이는 것이 좋다.

물 마시는 습관이 몸에 배지 않은 사람이라면 하루 2리터나 되는 물을 마시기가 쉽지 않다. 특히 아이들은 목이 마르지 않으면 절대 물을 마시지 않는 데다가 목이 말라도 물 대신 음료수를 마시곤 한다. 대한의사협회 조사 결과를 보면, 우리나라 초중고생의 수분 섭취량은 일일 권장량의 3분의 1에 불과한 수준이며 목이 마를 때는 물 대신 탄산음료, 주스, 이온 음료, 커피 등을 마신다고 한다.

이 음료들에는 당분도 많지만 카페인 성분도 다량 함유되어 있다. 카페인은 칼슘 흡수를 방해할 뿐만 아니라 뼛속의 칼슘을 녹여 배출시키고 이뇨 작용을 촉진해 척추 수핵의 탈수를 유발하므로 척추 건강에 해로운 대표적인 성분으로 꼽힌다. 카페인이 많은 음식이라 하면 보통 커피를 떠올리지만, 아이들이 즐겨 마시는 음료수와 초콜릿에도 제법 많은 양의 카페인이 들어 있다. 커피 한 잔에는 104mg, 콜라 한 캔에는 35mg, 코코아 한 잔에는 6mg, 다크 초콜릿 30g에는 20mg, 밀크 초콜릿 30g에는 6mg의 카페인이 포함되어 있다. 특히 피곤할 때 많이 마시는 강장 음료의 카페인 함유량은 청소년의 하루 카페인 제한량 125mg을 훌쩍 넘기는 경우가 많으므로 주의해야 한다.

탄산음료는 카페인뿐만 아니라 인산 성분도 문제가 된다. 인산은 탄산음료의 톡 쏘는 맛을 내는데, 칼슘을 녹여 소변으로 배출시키기 때문에 뼈 건강에 매우 해롭다.

설탕과 소금 역시 척추를 건강하게 유지하기 위해 피해야 할 재료이다. 설탕은 칼슘을 몸 밖으로 배출하는 역할을 하여 일명 '칼슘 도둑'이라 불린다. 소금도 너무 많이 섭취하면 체내에 남아도는 염분을 체외로 배출시킬 때 칼슘을 함께 내보내기 때문에 골밀도가 떨어질 수 있다.

지금까지 뼈에 해롭다고 살펴본 성분들을 한데 모아놓은 음식이 바로 패스트푸드이다. 패스트푸드에는 정제된 소금과 설탕이 많이 들어 있을 뿐만 아니라 비만을 유발하기 쉽다. 게다가 주로 콜라나 사이다 같은 탄산음료와 함께 섭취한다. 그러니 어쩌다 한 번 먹는 것은 괜찮아도 자주 먹을 만한 음식은 못 된다.

2010년 통계청 자료를 보면, 우리나라 만 20세 미만 아이들이 대부분 하루 세 끼를 다 챙겨 먹지 못하며 그나마 한 끼는 학원 근처 패스트푸드점에서 해결하는 경우가 많다고 한다. 이렇게 밥 먹는 시간까지 아껴가며 공부를 한 결과, 우리나라 아이들의 공부 시간은 세계에서 가장 많다. 평일 기준으로 초등학생은 7시간 49분, 중학생은 9시간 4분, 고등학생은 10시간 47분을 공부한다. 공부도 결국에는 잘 먹고 잘살자고 하는 것인데, 햄버거로 끼니를 때우면서 공부하는 우리나라 아이들의 현실은 뭔가 잘못돼도 한참이나 잘못됐다. 누군가 나를 30년 젊게 만들어준다 해도 요즘 초등학생처럼 살아야 한다면 정중하게 사양하겠다.

햄버거 가게 앞을 지나다가 우연히 그 안을 들여다보면 가방 멘 아이들로 늘 북새통이다. 보아하니 한 학원을 마친 후 다음 학원으로 가기 전에 햄버거로 저녁을 때우려는 아이들이다. 감자튀김을 입에 쑤셔 넣고 행여나 늦을세라 학원을 향해 달리는 아이들의 뒷모습이 짠하다. 족집게 강사를 찾아다닐 시간에 아이들의 끼니라도 제대로 챙겨주자고 주장한다면 너무 구식일까. 성적 지상주의 속에서 우리 아이들에게 정작 필요한 것이 무엇인지 잊고 사는 것은 아닐까 반성할 때이다.

살, 너무 쪄도 너무 빼도
척추에는 골칫덩이

"겨우 열다섯 살인데 왜 허리가 아프다고 하는 거죠?"

한 엄마가 중학생 아들을 데리고 진료실을 찾아왔다. 다친 데도 없이 허리가 아프다는 아들이 도통 이해되지 않는다고 했다. 요통의 정확한 원인은 검사해봐야 알겠지만 아이를 보니 짚이는 구석이 있었다. 언뜻 보기에도 아이는 고도비만이었다. 나는 허리둘레가 1인치만 줄어도 허리 아픈 것이 좀 덜할 거라며 가볍게 농담조로 말을 건넸다. 그러자 아이 엄마가 고개를 갸우뚱하며 살찌면 허리도 아프냐고 되물었다.

2013년에 교육부에서 발표한 학교건강검사 표본조사를 보면 초중고생 가운데 15.3퍼센트가 비만이라고 한다. 소아비만은 성장기인 아이들의 몸에 영향을 미친다는 점에서 성인의 비만보다 심각하다. 그런데 부모들은 아이가 비만이면 성인병이나 성조숙증은 걱정해도 척추까지는 걱정하지 않는다.

하지만 비만은 척추에 직접적인 부담을 주는 위험 요소이다. 척추는 체중의 60퍼센트를 지탱하는데 살이 찐다고 척추까지 두꺼워지는 것은 아니어서 비만일 경우 정상 체중보다 더 많은 부담이 척추에 실리게 된다. 장기간 무거운 체중을 지탱하다 보면 자연히 디스크에 무리가 갈 수밖에 없다. 게다가 비만한 사람들은 근육보다 지방이 더 많고 근력도 떨어져서 척추를 지지하는 근육의 힘이 약하다. 또한 간과 근육 조직에 지방이 많으면 골수에도 지방이 많아지고 골격이 약해져 골다공증이 생기기 쉽다.

몸집이 둔한 만큼 바른 자세를 취하기 어렵다는 것도 큰 문제이다. 비만한 사람들은 움직이기 싫어하고 자꾸만 눕거나 앉으려는 경향이 있는데, 체중으로 인한 척추 부담이 큰 상태에서 자세까지 바르지 못하니 척추에 가해지는 압박이 더욱 커질 수밖에 없다.

특히 성장기의 비만은 체형과 관절에 구조적인 변형을 일으켜 오다리나 엑스다리를 만든다. 몸의 한 부분에서 체형이 변형되기 시작하면 척추, 골반, 종아리 안쪽 뼈 등이 성장하는 데도 악영향을 미칠 수 있으므로 더욱 주의해야 한다.

배가 많이 나온 경우에는 배의 무게를 지탱하기 위해 상체를 뒤로 젖히게 되는데, 이때 허리의 굴곡이 심해지면서 척추뼈가 앞으로 휘어지는 척추전만증이 나타날 가능성도 있다. 척추측만증이 나타나면 허리와 엉덩이, 허벅지에 통증이 생기고 디스크가 튀어나오거나 뼈의 퇴행이 빨라지기도 한다. 아이를 똑바로 눕힌 상태에서 허리 밑에 손을 넣었을 때 손이 쉽게 들락날락한다면 척추측만증이 의심되므로 진료를 받아보는 것이 좋다.

잠이 부족하고 외로운 아이들이 살찐다

서구화된 식단이나 운동량 부족이 소아비만의 원인으로 널리 알려져 있다. 이 두 가지 원인은 내가 다시 언급하지 않아도 이미 많은 부모들이 알고 있는 사실이다. 나는 식단과 운동량만큼이나 수면 부족과 감정적 폭식도 소아비만의 주요 원인으로 꼽는다.

잠을 푹 자지 못하면 쉽게 피로해져 신체 활동도가 낮아지고 에너지 소비가 줄어들어 살이 찔 가능성이 커진다. 배고픔을 조절하는 호르몬의 균형도 깨져 무의식적으로 더 많이 먹게 된다. 늦게 잠자리에 들수록 야식을 먹을 확률이 높아지고 그로 인해 식사 시간이 일정하지 않아져 결과적으로 비만이 되기 쉽다. 질병관리본부에서 발표한 통계자료에 따르면 우리나라 청소년 가운데 하루 8시간 이상 자는 아이들은 중학생이 25퍼센트, 일반계 고등학생은 2.3퍼센트, 특성화 고등학생은 10퍼센트에 불과하다. 특히 고등학교 3학년의 경우 평균 수면 시간이 5시간 이하인 것으로 나타났다. 항상 잠이 부족한 우리나라 아이들은 그만큼 비만의 위험도 높다.

사실 우리나라처럼 잠이 없는 나라도 드물다. 다들 밤늦게까지 일하고 논다. 늦도록 깨어 있는 부모 때문에 아이도 덩달아 일찍 잠들지 못한다. 그나마 초등학생은 어서 자라는 소리라도 듣지만 중학생 이상이 되면 공부 안 하고 벌써 자느냐고 꾸중을 듣기 일쑤이다. 중학생은커녕 초등 고학년만 돼도 학원 순례를 마치고 집에 돌아와 숙제까지 하면 새벽 1시가 넘는다고들 한다. 회사원으로 치면 매일 야근인 셈이다. 도대체 언제부터 잠자는 시간까지 아끼는 것이 미덕이 된 것인지, 충분한 수면 시간이 확보돼야 삶의 질도 높아진다는 사실은 왜 무시당하는 것인지 참 씁쓸하다.

소아비만을 일으키는 원인과 관련하여 또 하나 주목할 만한 것은 '감정적 폭식'이다. 어른뿐만 아니라 아이들도 스트레스를 받거나 우울할 때 폭식을 한다는 연구 결과가 있다. 아이들이 스트레스를 받으면 코르티솔이라는 호르몬이 많이 분비되어 식욕 억제 호르몬인 렙틴의 생성을 방해한다. 그 결과 더 달콤한 음식을 찾게 되고 더 많은 음식을 섭취하게 되는 것이다.

식사 자리에서 부모가 다투면 아이들이 과체중이나 비만이 되기 쉽다는 연구 결과도 있다. 부모의 불화가 아이들에게 스트레스로 작용하여 비만으로 이어지는 것이다. 또한 부모의 근무 시간이 길수록 아이가 비만해지기 쉽다는 연구 결과도 있다. 부모가 건강한 식단을 제공하지 못하는 것도 그렇지만 아이가 외로움을 견디려고 음식에 집착하게 되어 비만으로 이어진다는 것이다. 아이들이 스트레스와 우울감을 해소하기 위해 음식에 의존한다는 사실은 슬프면서도 충격적이다. 비만에서 벗어나기 위해 아이에게 운동을 시키고 식단을 조절해주는 일도 중요하지만, 그보다 앞서 아이가 행여 스트레스를 받고 있지는 않은지, 마음을 다친 일은 없는지 부모가 살펴줘야 한다.

10대의 무리한 다이어트가 30대의 골다공증을 부른다

소아비만의 가장 큰 문제는 다이어트도 쉽지 않다는 데 있다. 나도 벌써 몇 년째 다이어트를 결심하고 있지만 체중계 바늘은 야속하게도 시계 방향으로만 계속 옮겨가는 중이다. 어른에게도 어려운 일이 아이들에게는 오죽할까 싶다. 반면 외모에 다한 관심이 높아지면서 비만이 아닌 아이들이 자발적으로 다이어트를 하는 경우도 많아졌다. '적게 먹고 운동하기'라는 다이어트의 정석은 이미 충분히 알려졌으니 나까지 이야기할 필요는 없을 것 같다. 다만 척추전문의로서 부적절한 다이어트가 척추에 미치는 악영향에 대해서는 짚고 넘어가야겠다.

10대 여학생들은 무작정 굶거나 적게 먹는 방법을 가장 많이 선택한다. 적게 먹더라도 그나마 골고루 먹으면 다행인데 강냉이나 바나나, 사과 등 한 가지 음식만 섭취하는 '원 푸드 다이어트_one food diet'를 하는 아이들이 많아 걱정스럽다. 음식물 섭취를 극도로 제한하거나 한 가지 음식만 섭취하면 신체 활동에 필요한 에너지를 충분히 공급받지 못해 건강상 여러 문제가 나타난다. 당장은 괜찮아 보여도 10년이나 20년 후 갖가지 문제가 드러날 수 있는데 대표적인 것이 바로 골다공증이다.

골다공증이란 뼈의 밀도가 감소하고 강도가 약해져서 골절이 일어나기 쉬운 상태를 가리킨다. 골다공증의 원인으로는 유전적 요인, 조기 폐경, 흡연이나 잦은 음주, 류머티즘 관절염 등이 꼽히는데 성장기의 무리한 다이어트로 골 밀도가 급격히 낮아져도 40대 이후 골다공증이 생길 가능성이 높아진다.

골다공증이 심각해지면 일상적인 동작만으로 뼈에 금이 가고 척추가 조금씩 내려앉는다. 그러나 골절이 일어날 때만 허리가 잠깐 아플 뿐 금세 좋아지기 때문에 골다공증인지 모른 채 지내기 쉽다. 그러다가 골다공증이 더욱 심해져 척추압박골절로 이어지면 그제야 심한 통증이 뒤따른다. 척추압박골절은 골 밀도가 낮아진 척추에 외부의 압력이 가해지면 금이 가거나 짓눌린 형태로 부서지는 질환이다. 척추가 골절되면서 주변 조직과 신경들을 압박하므로 통증이 극심하다. 주로 노인에게 흔한 질환이지만 생활 습관에 따라 이른 나이에도 생길 수 있다.

나이 들어 골다공증으로 고생하지 않으려면 성장기의 무리한 다이어트는 금물이다. 우리 몸의 다른 기관들처럼 척추를 구성하는 기관도 적당한 영양분을 공급받아야 건강을 유지하고 제 기능을 수행할 수 있다. 무조건 굶거나 한 가지만 먹는 다이어트는 절대 바람직하지 않다. 다이어트를 해야 하는 상황이라던 식사량은 줄이되, 모든 영양소를 골고루 섭취하고 반드시 운동을 병행하여 척추 건강을 해치지 않도록 하자.

패션의 완성은
척추이다

요즘 중고생들의 옷차림을 보면서 혀를 끌끌 차는 어른들이 많다. 교복조차 폭과 길이를 수선해 몸에 딱 붙게 입는 모습이 눈에 거슬린다고들 말한다. 하지만 이런 옷차림에 대해 아이들만 탓할 수는 없다. 또래 연예인들이 하나같이 짧고 몸에 달라붙는 옷차림을 하고 있으니 아이들의 눈높이도 자연스레 그런 옷차림에 맞춰질 수밖에 없다. 어른들이 그런 옷차림을 미화시켜 아이들에게 보여주고서는 그렇게 따라 입는다고 야단치는 것은 모순이다.

물론 나도 요즘 아이들의 옷차림이 우려스럽다. 하지만 이유가 조금

다르다. 나는 중고생들의 지나치게 짧고 꼭 끼는 옷차림을 볼 때마다 아이들의 척추가 걱정된다. 옷차림이 척추와 무슨 관계가 있는지 의아해할지 모르겠다. 그렇다면 몸에 딱 맞는 정장을 입고 있다가 헐렁한 운동복으로 갈아입었을 때 얼마나 편안해지는지 떠올려보자. 옷차림에 따라 자세가 달라지고, 자세에 따라 척추에 미치는 영향도 달라지기 때문에 일어나는 현상이다.

아이들에게 "너무 끼는 옷을 입으면 척추에 안 좋단다"라고 말한들 뭔가 달라질 것 같지 않다. 굽 높은 신발이 건강에 미치는 악영향에 대해 널리 알려졌지만 여전히 많은 여성이 '킬힐'을 사랑하는 것처럼 말이다. 미적인 만족감을 위해 위험을 감수하려는 경향은 아이들에게도 있다. 오히려 질풍노도의 사춘기 아이들에게는 그런 경향이 더욱 강하다.

아이들에게 너희가 좋아하는 옷차림이 그저 척추에 좋지 않다고 말하는 것과, 구체적인 근거를 들어 어떻게 척추에 나쁜지 알려주는 것은 분명 차이가 있다. 마치 담뱃갑에 경고 문구만 적었을 때와 폐암에 걸린 사람의 폐 사진을 함께 실을 때 금연 효과의 차이가 있는 것처럼 말이다. 청소년은 그런 옷차림을 해서는 안 된다는 '가치 판단'보다 그런 옷차림이 척추 건강을 해칠 수 있다는 '사실 전달'이 아이들을 설득하는 데 더욱 효과적일지 모른다.

꽉 끼는 옷이 아이들의 척추에 얼마나 해로운지 알려면 그런 옷을 입고 있을 때 몸가짐이 어떤가를 보면 된다. 몸에 꼭 붙는 옷을 입으면 걷거나 앉을 때마다 양쪽 무릎을 붙이려고 근육에 과도하게 힘을 주게 되는데 이런 자세는 척추에 부담을 준다. 이로 인해 요통이 생기거나, 심하면 골반이 비뚤어질 수 있다.

특히 겨울에도 아이가 짧은 치마를 고집한다면 말리는 것이 좋다. 우리 몸은 날씨가 추우면 열을 빼앗기지 않기 위해 자율신경이 근육과 말초신경을 수축시켜 자신도 모르게 몸을 움츠린다. 이런 자세를 지속하면 쉽게 피로해지고 목이나 어깨, 허리 등이 결리거나 통증이 생긴다. 겨울철에 목디스크 환자가 많아지는 것도 이런 이유 때문이다. 그뿐만 아니라 추위로 근육과 인대가 위축되어 몸의 유연성이 떨어지기 때문에 부상의 위험도 커진다. 그러니 겨울철 옷차림은 척추 건강을 위해서라도 멋보다는 보온성을 먼저 고려해야 한다.

요즘은 외모 지상주의가 도를 넘어 키 작은 사람들을 '루저Loser'로 취급하기도 한다. 그래서인지 굽 있는 신발을 신고 다니는 아이들이 간혹 눈에 띈다. 남자아이들 사이에서도 일명 '키높이 깔창'이 유행한다고 한다. 인위적으로 뒤축을 높이면 키가 커 보일 뿐만 아니라 엉덩이가 올라가고 허리가 뒤로 휘어지기 때문에 몸매가 좋아 보일 수 있다. 런웨이를 걷는 모델들이 하이힐을 신는 이유이다.

하지만 굽 있는 신발은 맵시에는 '약'일지 몰라도 척추에는 '독'이다. 키높이 신발과 하이힐을 신으면 상체가 지나치게 세워지면서 허리 곡선이 움푹해지고 디스크 뒤쪽이 찌그러져 디스크에 심한 압력이 가해진다. 척추가 지나치게 앞으로 볼록해지면서 골반이 비뚤어지고 요통이 생기기도 쉽다. 목부터 허리, 다리까지 경직되어 엉덩관절이 틀어지고 발목이며 무릎 관절도 성하지 않게 된다. 또한 허리디스크와 목 디스크가 오고, 다리 근육의 길이가 비정상적으로 변형되어 다리가 휠 수 있다. 몸의 하중이 발 전체로 분산되지 못하고 앞쪽으로 쏠리기 때문에 엄지발가락과 발바닥 앞쪽에 통증이 생기거나 변형이 일어나기도 한다. 젊은 여성들에게 종종 생기는 무지외반증이라는 병도 이런 발가락 변형의 일종이다. 찰나의 아름다움이 결국 다리와 발가락을 휘게 한다니 짧은 만족감의 대가치고는 참으로 가혹하다.

아이들이 학교 안팎에서 자주 신는 슬리퍼도 그냥 넘겨서는 안 된다. 슬리퍼는 발 전체를 감싸지 못하기 때문에 벗겨지지 않도록 걸을 때마다 발목과 종아리에 무의식적으로 힘을 줘야 한다. 그래서 자신도 모르게 목을 앞으로 내밀고 무릎과 허리까지 구부정하게 된다. 이런 자세는 보기에도 좋지 않을뿐더러 목 근육에 부담을 주고 어깨나 허리에 통증을 유발한다.

아이의 척추 건강을 해치지 않으려면 굽 높은 신발이나 슬리퍼 대신 굽이 낮은 단화나 운동화를 신게 해야 한다. 구두의 굽은 3cm 정도의 높이가 가장 적당하고, 구두코는 뾰족하지 않고 넓적한 모양이 발바닥 전체로 체중을 분산시킨다.

옷차림뿐만 아니라 머리 모양도 척추 건강과 관련이 있다. 거리에 나가면 긴 생머리를 찰랑거리며 다니는 여자아이들이 눈에 많이 띈다. 이 아이들이 책상 앞에 어떤 자세로 앉는지 유심히 살펴보자. 열이면 열, 가르마의 반대 방향으로 고개를 기울인다. 몸을 숙였을 때 머리카락이 시야를 가리니 고개를 한쪽으로 비딱하게 기울인 것이다. 밥을 먹을 때도 마찬가지이다. 본인은 의식하지 못하지만 긴 생머리 탓에 무엇을 하든 몸이 한쪽으로 기울게 된다. 사람의 몸은 좌우 대칭이 무엇보다 중요한데 이렇게 한 방향으로만 몸을 기울여 버릇하면 목뼈가 틀어지고 어깨 균형도 무너진다. 그렇다고 머리카락을 싹둑 자르라는 소리는 아니다. 머리를 기르든 말든 그것은 아이들의 자유로 존중해야 한다. 다만 수업 시간이나 식사 시간처럼 몸을 앞으로 기울여야 할 때는 머리카락이 흘러내리지 않도록 끈으로 묶게 해야 한다.

머리를 묶더라도 한쪽으로만 묶으면 그것 역시 척추 건강에는 별 효과가 없다. 좌우 균형을 맞추기 위해 머리를 묶으라는 말인데, 한쪽으로 쏠리게 머리를 묶거나 땋아 내리면 아무런 의미가 없다. 정 한쪽으로 묶거나 땋으려면 하루는 왼쪽으로, 하루는 오른쪽으로 내려 방향을 바꿔주기라도 해야 한다.

몸의 불균형을 초래하는 나쁜 버릇은 남자아이들에게도 있다. 허리가 아파서 병원에 오는 남성 환자들이 꽤 되는데 통증의 원인이 허리 디스크가 아니라 골반 변형인 경우가 많다. 골반이 변형되는 이유는 놀랍게도 아주 사소한 습관에 있다. 여자들은 보통 가방에 지갑이나 휴대폰같이 작은 물건들을 넣는데, 남자들은 주로 주머니에 소지한다. 특히 많은 남자들이 바지 뒷주머니에 지갑이나 휴대폰을 꽂고 다니는데, 그럴 경우 걸을 때마다 골반에 압박이 가해져서 골반이 틀어질 수 있다. 또한 뒷주머니에 뭔가를 넣고 그대로 자리에 앉으면 소지품의 두께 때문에 한쪽 골반이 기우뚱한 상태가 되어 척추까지 변형될 위험이 있다.

겨우 뒷주머니에 꽂은 지갑 하나 때문에 골반과 척추가 틀어진다는 것이 당장은 실감 나지 않을 수 있다. 하지만 어릴 때부터 그런 습관이 몸에 배면 꼬리뼈와 엉덩관절 사이의 근육이 뭉치면서 엉덩이, 허벅지, 종아리가 저리고 땅기게 된다. 이런 근육통을 이상근 증후군이라 하는데, 적절한 치료를 받지 않으면 골반이나 척추 변형으로 이어지니 주의해야 한다.

간혹 아주 얇은 소지품은 괜찮지 않느냐고 물어보는 사람도 있다. 두꺼운 소지품보다 골반이 틀어지는 속도가 느려질 수는 있어도 완전히 안전하다고는 할 수 없다. 균형을 맞추기 위해 양쪽 주머니에 전부 물건을 넣는다고 해도 골반에 압박을 준다는 점에서 안심할 수 없다.

바지 뒷주머니에는 어떤 물건도 소지하지 않는 것이 상책이다. 물건을 넣을 데가 뒷주머니밖에 없다면 앉을 때만이라도 꺼내두는 것이 좋다.

요즘은 교통 카드를 케이스에 넣어 목걸이처럼 걸고 다니는 아이들도 많다. 이런 습관도 사실 척추에는 그리 좋지 않다. 아이들은 무게감을 못 느낄지 몰라도 척추는 부담을 느낀다. 아무리 가벼운 물건이라도 목에 걸면 목뼈 주위와 어깨 근육이 긴장하기 때문이다.

요즘 아이들이 즐겨 쓰는 신조어 중에 '패완몸'이라는 말이 있다. '패션의 완성은 몸매'의 줄임말인데, 몸매가 멋지면 뭘 입어도 상관없다는 뜻으로 쓰인다고 한다. 아무리 멋을 부린들 타고난 몸매가 우월한 사람을 따라잡을 수 없다는 의미의 씁쓸한 말이지만 내게는 다르게 들린다. 아무리 살을 빼고 근육을 단련해도 등이 구부정하면 소용없다. 아름다운 몸매란 바른 체형과 건강한 척추에서 시작되는 것이다. 척추가 건강하고 체형이 바르면 어떤 옷차림이든 매력적으로 보인다. 반대로 옷차림이 아무리 화려해도 체형이 바르지 못하면 전혀 돋보이지 않는다. 이래도 옷차림 때문에 척추 건강을 과감히 포기할 수 있을까? 짧은 치마, 굽 높은 신발이 비뚤어진 골반과 휜 다리를 감수할 만큼의 가치가 있을까?

"어른들은 다 하잖아요. 그런데 왜 우리한테만 못 하게 해요?"라고 아이들이 항변하면 이렇게 말해주자. "맞아, 사실 어른들도 척추 건강에 해로운 옷차림을 해서는 안 되지. 그런데 너희 척추는 한창 자라고 있어서 일단 변형이 생기면 어른들보다 그 피해가 훨씬 크다는 걸 알아야 해. 비교하자면 성인 여성이 하이힐을 신었을 때보다 고등학생이 신었을 때 척추에 미치는 악영향이 훨씬 크단다."

패션의 완성은 얼굴도 아니요, 몸매도 아니다. 진정한 패션의 완성은 바로 척추라는 것을, 척추가 건강한 사람이 진짜 멋쟁이라는 것을 아이들이 깨닫게 할 수만 있다면 아이들의 옷차림에 혀를 끌끌 차는 어른들도, 허리가 아파 병원에 오는 아이들도 줄어들리라고 확신한다.

척추는 아이가
자는 동안 자란다

부모라면 누구나 공감하겠지만 아이들은 잠잘 때 가장 사랑스럽다. 곤히 잠든 모습을 보면 천사들이 내 옆에서 잠든 것만 같아 감격스럽기까지 하다. 물론 드디어 아이들이 모두 잠에 빠지고 평화로운 시간이 찾아왔다는 감격이 훨씬 더 크기는 하다.

우리 집 아이들은 늦어도 10시에는 반드시 잠자리에 든다. 아직 어린 막내는 이보다 1시간 더 일찍 잔다. 매일 일정한 시간에 아이들을 재우기란 절대 쉬운 일이 아니다. 지금이야 아이들이 웬만큼 자라서 한결 수월해졌지만, 몇 년 전만 해도 아이들을 재우기 위해 밤 9시만

되면 집 안의 불이란 불은 죄다 끄고 아이들 곁에 누웠다. 그렇게 아이들을 재우고 나서야 살금살금 일어나 책을 펴 들곤 했는데, 때로는 아이들보다 먼저 곯아떨어지는 바람에 다음 날까지 봐야 할 책을 못 봐서 아침에 머리를 쥐어뜯는 일도 있었다.

내가 아이들의 취침 시간에 이렇게 엄격한 이유는 잘 먹고 잘 노는 것뿐만 아니라 잘 자는 것도 중요하다고 생각하기 때문이다. 자고로 아이들은 밤 10시 이전에 잠자리에 들고, 하루에 9시간은 자야 한다. 특히 뼈의 성장을 위해서 숙면이 더욱 중요하다. 하루 성장 호르몬의 70퍼센트가 아이들이 자는 동안 분비되기 때문이다. 아이를 제시간에 재우는 것이 쉬운 일이 아니라는 것은 잘 알지만 아이의 수면 습관이 바로잡힐 때까지는 부모가 어쩔 수 없이 고생해야 한다. 부모는 거실에서 TV를 보면서 아이에게만 자라고 다그치는 집치고 아이의 수면 습관이 바른 경우를 보지 못했다.

수면 습관과 함께 아이의 수면 환경도 반드시 점검해야 한다. 자는 동안 척추가 푹 쉬려면 잠자리나 베개에 신경을 써야 한다. 이론적으로는 너무 딱딱하지도 푹신하지도 않은 매트리스가 가장 이상적인데, 시중에 판매되는 매트리스는 대부분 이 기준에 합당하게 만들어졌다. 그러므로 매트리스는 푹신한 정도에 신경 쓸 필요 없이 가격이나 취향을 고려하여 선택하면 된다. 다만 요를 펴고 자는 경우에는 두께가 10cm 정도는 돼야 척추에 무리가 가지 않는다.

베개는 매트리스보다 깐깐하게 골라야 한다. 베개의 형태와 높이에 따라 자는 동안 척추에 가해지는 부담이 달라지므로 아이의 몸에 잘 맞는 베개를 사용해야 한다. 목뼈가 자연스러운 C자형 곡선을 유지하려면 베개가 너무 높거나 낮아서는 안 된다. 사람의 몸무게에서 머리가 차지하는 비중은 약 8퍼센트인데 높이가 맞지 않는 베개를 사용하면 목이 온전히 머리 무게를 지탱하게 되어 통증이 생길 수밖에 없다. 베개가 너무 높으면 목뼈의 C자형 곡선이 반대로 꺾이면서 목과 어깨 근육이 긴장하게 되고 척수를 압박하여 신경 활동을 방해하는데, 이런 상태가 오래가면 목디스크로 이어지기 쉽다. 또한 뇌의 혈액순환에도 영향을 주어 집중력과 기억력이 떨어지는 결과를 초래한다. 반대로 베개가 너무 낮아도 목뼈가 뒤로 꺾이면서 뇌의 혈액 공급이 원활하게 이루어지지 않는다.

목에 무리가 가지 않는 베개의 높이는 6~8cm이다. 옆으로 누워 자

는 버릇이 있는 경우에는 이보다 2cm 정도 높은 베개가 좋고, 아이는 이보다 더 낮은 베개가 적당하다. 뒤척이느라 베개 밑으로 고개가 떨어지는 일도 많기 때문에 어깨너비보다 10cm 정도 더 긴 베개를 선택하는 것이 좋다.

베개의 소재에도 신경을 써야 한다. 베개가 너무 딱딱하면 목 근육과 골격에 무리가 되고, 너무 푹신하면 머리와 목을 제대로 지탱하기 어렵다. 우리 가족은 커브형 라텍스 베개를 사용하는데 매우 만족스럽다. 메모리폼이나 라텍스 소재는 탄성이 강하고 형태가 일정하게 보존되기 때문에 목에 부담스럽지 않고 자연스러운 C자형 곡선을 유지하도록 도와준다.

마지막으로 베개에 대해 한마디만 덧붙인다면 아무리 아이를 사랑해도 팔베개만큼은 자제하라. 아이에게 부모의 팔은 지나치게 높은 베개이다. 또한 아이에게 팔을 내준 부모의 어깨에도 상당한 부담이 간다. 아이에 대한 애정은 팔베개 말고 다른 방법으로 표현하고 베개만큼은 반드시 따로 베게 해야 한다.

우리 아이들의 침대 위에는 베개 말고도 바디 필로body pillow가 놓여 있다. 일명 '소시지 베개'라고도 블리는데, 이것을 안고 자면 머리 베개만 벨 때와는 달리 체중의 80퍼센트 이상을 바디 필로가 지탱하여 척추의 부담을 분산시키는 효과가 있다. 10만 원이 훌쩍 넘는 고가의 제품도 많은데 우리 아이들은 피부가 예민하지 않아 마트에서 파는 저렴

한 제품으로도 충분하다. 다만 저렴한 만큼 쿠션이 꺼지기도 쉬워 1년
에 한 번꼴로 교체해줘야 한다는 번거로움은 있다.

척추 건강을 잠식하는 위험한 쪽잠

　사실 매트리스나 베개의 선택보다 더 중요한 것은 잠을 자는 자세
이다. 낮잠이나 쪽잠은 밤잠 못지않게 피로 회복에 효과적이지만 바
른 자세를 취하기 어렵다는 점에서 척추에는 그리 좋지 않다. 책상에
엎드려 자는 경우, 척추가 크게 휘면서 허리 아래로 무게중심이 쏠리
기 때문에 허리와 엉덩이 사이의 디스크에 부담이 실린다. 그런데 목
까지 옆으로 비틀고 엎드리면 목뼈부터 골반에 이르는 척추가 전체적
으로 틀어져 척추 변형이 생길 수 있다. 팔로 머리를 받치면 팔 저림과
어깨 통증도 유발된다.
　사실 책상에 엎드려 자는 쪽잠만큼 달콤한 것은 없다. 가뜩이나 잠
이 부족한 아이들에게 무조건 엎드려 자지 말라고 하기도 어렵다. 이
럴 때 필요한 것이 바로 쿠션이다. 책상 위에 쿠션이나 책을 높이 받치
면 엎드리더라도 허리가 많이 휘지 않는다. 책상이 폐를 압박하지 않
도록 가슴과 책상 사이에도 쿠션을 받치는 것이 좋다. 의자를 뒤로 뺄

수록 상체의 무게가 허리 아래로 많이 실리므로 의자는 바짝 당겨 앉는다. 또한 한 번에 15분 이상 엎드려 자지 말고, 잠에서 깬 다음에는 반드시 스트레칭을 해서 틀어진 척추를 바로잡아야 한다.

학교에서는 어쩔 수 없다그 해도 집에서만큼은 책상에 엎드려 자지 않는 것이 좋다. 잠은 쏟아지는데 책상 앞을 떠나기 불안해서 집에서도 책상에 엎드려 자는 아이가 더러 있다. 이런 경우 가슴이 책상에 눌려 폐 기능이 저하되고 혈액이 제대로 순환되지 않아 결과적으로 집중력이 떨어지기 때문에 학습에는 전혀 도움이 되지 않는다. 차라리 이불을 깔고 편안히 누워 잠깐 눈을 붙이는 편이 머리를 맑게 하는 데 훨씬 효과적이다.

이동 중에 부족한 잠을 보충하는 아이들도 흔하다. 그러나 흔들리는 차 안에서 잠을 자는 습관 역시 척추 건강에는 좋지 않다. 대중교통 안에서는 보통 고개를 숙이거나, 옆이나 뒤로 꺾은 채 졸게 된다. 이 상태일 때는 머리의 하중이 목으로 더 크게 실리기 때문에 행여나 급정거나 급출발이라도 하게 되면 목뼈와 디스크에 매우 큰 충격이 가해진다. 특히 일자목 증후군이 있는 경우에는 이런 충격으로 인대가 손상되거나 목디스크가 나타날 수 있다.

기껏해야 1시간도 못 되는 시간이 얼마나 위험하겠느냐고 얕잡아 봐서는 안 된다. 짧은 시간 동안 반복되는 충격은 척추를 서서히 손상시킨다. 대중교통을 타고서 졸음을 못 참겠다면 아예 자리에 앉지 말고 일어서는 편이 척추에는 좋다. 자가용으로 등하교한다면 목 베개나 목 받침을 이용할 수 있어서 그나마 좀 낫다. 목 베개를 이용해 목을 고정한 상태에서 고개를 뒤로 약간 젖히고 허리와 등을 의자 등받이에 바짝 붙인 자세로 눈을 붙이면 척추의 부담을 조금은 덜 수 있다.

잠이 보약? 바른 자세로 자야 보약!

척추가 가장 좋아하는 잠자리 자세는 천장을 보고 똑바로 누워 무릎을 살짝 구부리는 것이다. 똑바로 눕기만 하면 허리가 바닥에서 뜨면서 긴장을 하게 되는데, 이때 무릎 밑에 쿠션이나 베개를 넣어 자연스럽게 무릎을 구부려주면 허리가 펴지며 척추가 편안한 상태가 된다. 그다음으로 권장하는 바른 잠자리 자세는 옆으로 누워 자는 것이다. 이 자세에서도 무릎 사이에 베개나 바디 필로를 끼워주면 체중이 분산되는 효과가 있어 몸이 한결 편안해진다.

반면 엎드려 자는 자세는 절대 피해야 한다. 엎드려 자면 엉덩이와 등뼈가 위로 치솟고 허리는 아래로 휘어지기 때문에 척추의 정상적인 곡선이 변형된다. 이 때문에 허리와 목에 통증이 생길 수 있고 심하면 디스크가 오기도 한다.

똑바로 누워 자는 것이 바른 자세라는 것은 알지만 몸이 따라주지 않는다는 사람도 꽤 많다. 사실 잠자는 자세를 교정하기란 쉽지 않다. 하물며 아이들이야 두말할 나위가 없다. 처음에는 바른 자세를 의식하여 똑바로 누웠다가도 정작 깊이 잠들면 잠버릇이 나오기 마련이다. 그럴 때마다 엎드려 자는 아이를 깨워 똑바로 누우라고 야단칠 수도 없고, 부모가 밤새도록 아이 곁을 지킬 수도 없으니 참 난감한 노릇이다.

아이의 수면 자세를 교정하기 위해서는 일단 아이에게 편안한 수면 환경을 조성해줄 필요가 있다. "엄마가 엎드려 자면 안 된다고 얘기했어, 안 했어? 왜 자꾸만 엎드려 자니?" 하고 아이를 책망할 것이 아니라 아이가 스트레스 없이 잠들 수 있는 환경을 먼저 만들어야 한다. 침실의 가구나 소품을 아이의 취향에 맞게 바꿔주고 아이만을 위한 잠자리라는 사실을 강조한다. 엄마, 아빠가 아이와 함께 누워 바른 자세를 유도하는 방법도 좋다. 엎드려 자는 아이에게는 "우리 눈을 감고 풀밭에 누워 있다고 상상해보자. 하늘에 뭉게구름이 떠다니는구나. 똑바로 누워서 하늘 한번 볼까?" 하며 부드러운 이야기를 해주는 것도 효과적이다.

어떤 방법이든 아이에게 강요하거나 부담을 줘서는 안 된다. 잠잘 때 바른 자세를 취하는 것은 아이가 의식적으로 교정할 수 없는 부분인데, 이에 대해 부모가 지나치게 강요하면 자칫 수면 장애 같은 부작용이 생길 수 있다.

허리 아프다는 아이,
성장통 아니면 꾀병?

아이의 만성 통증,
허리디스크 때문일 수 있다

"아이고, 허리야." 중장년층에서만 이런 비명을 내지르리라 생각한다면 오산이다. 아이들도 허리, 목, 어깨, 옆구리 등의 통증을 호소할 때가 있다. 척추는 지속적이고 반복적인 자극과 잘못된 자세로도 일찍 퇴화할 수 있기 때문이다. 특히 요즘은 운동 부족, 비만, 스마트폰과 컴퓨터 사용 시간 증가 등의 영향으로 어린아이들의 척추도 쉽게 퇴화할 수 있는 환경임을 고려해야 한다.

물론 아이들이 허리며 어깨가 아프다고 하는 것이 단순한 근육통일 때도 있다. 책상에 앉아 있는 시간이 워낙 길고 평소 몸을 움직일 기회가 없기 때문에 자세가 나쁘거나 조금만 운동량이 늘어도 근육통이 오기 쉬운 것이다.

그러니 아이가 갑자기 허리나 어깨, 옆구리 등이 아프다고 하면 서둘러 병원을 찾을 필요 없이 일단은 안정을 취하게 한다. 잘못된 자세 때문에 근육이 경직되거나 인대가 스트레스를 받은 경우라면 침대에 누워 있는 것만으로도 대개는 통증이 가라앉는다. 그러나 엎드리거나 팔로 머리를 받치고 옆으로 눕는 등 잘못된 자세로 누우면 오히려 증세가 악화한다. 목과 허리의 굴곡이 그대로 유지되는 자세로 바르게 누워 안정하게 한다.

다만 침대에 누워 안정을 취하는 기간이 3일을 넘겨서는 안 된다. 이보다 오래 누워 있으면 근육이 퇴화해 근력이 떨어지면서 오히려 허리 건강에 해롭기 때문이다. 일단 2~3일간 침대에서 갑작스러운 통증을 다스린 후 평소처럼 몸을 움직여야 근육통을 회복하는 데 도움이 된다. 침상 안정을 끝낸 후에는 가벼운 운동을 시작하고 바른 자세를 취하는 습관을 들여야 한다. 운동과 바른 자세를 통해 휘거나 뒤틀린 척추를 교정하고 근육을 강화해야 통증 재발과 척추 질환을 예방할 수 있다.

만일 2~3일간 푹 쉬게 했는데도 아이가 계속 통증을 호소한다면 병원을 찾아야 한다. 특히 쉬면 좀 나아졌다가 무리하면 다시 도지는 식으로 만성 통증의 양상을 보이는 경우에는 침상 안정보다 통증의 원인을 찾아 치료를 해야 한다. 아이가 만성 통증을 호소하는 원인은 다양하지만, 한 달 이상 요통이 지속된다면 허리디스크를 의심해볼 수 있다. 최근에는 운동 부족과 과도한 컴퓨터 사용, 오래 앉아 있는 생활 습관 등으로 10대에서도 허리디스크가 부쩍 많이 나타나는 추세이다.

허리디스크의 정확한 병명은 추간판탈출증인데, 척추 사이의 디스크가 반복적인 충격이나 잘못된 자세로 탄력이 떨어지고 부피가 줄어서 본래 위치에서 탈출하는 현상을 가리킨다. 디스크가 튀어나오더라도 척수신경을 건드리지만 않으면 통증이 거의 없으므로 평소에는 디스크가 있는 줄 모르고 지내는 경우가 많다. 그러다가 허리를 틀거나 물건을 들어 올리는 등 사소한 동작으로 디스크가 척수신경을 건드리면 본격적으로 통증이 시작된다.

디스크의 수핵이 척수신경을 누르면 처음에는 허리만 아프다가 점차 엉덩이부터 발끝까지 저리고 땅기는 증상이 나타난다. 때에 따라서는 허리는 전혀 아프지 않고 엉덩이와 다리에만 통증이 생기기도 한다. 그러나 아이들은 아직 척추관이 유연하고 후관절과 인대가 마모되는 일이 드물어서 요통은 호소해도 엉덩이와 다리까지 아프다고 하는 경우는 흔치 않다. 그래서 부모들이 아이의 허리디스크를 단순한 근육통이나 성장통이라고 가볍게 치부하곤 한다.

하지만 성인의 디스크보다 성장기 아이의 디스크가 훨씬 위험하다.

어른들은 디스크가 있어도 통증만 다스려주면 큰 지장이 없지만 성장기 아이들은 그렇지 않기 때문이다. 요통으로 허리를 펴기 어려우면 자세가 점점 나빠지고 그 영향으로 척추가 구부정해지거나 비뚤게 성장할 위험이 있다. 이처럼 성장기에 척추가 변형되면 나이 들어 본격적으로 노화가 진행될 때는 더 심각한 척추 질환으로 발전할 수 있다. 무엇보다 요통으로 삶의 질이 떨어진다는 것이 문제이다. 하고 싶은 일도, 해야 할 일도 많은 성장기에 요통 때문에 활동을 제약받는다면 너무나 안타까운 일이다.

성장통으로 넘기다가 큰코다친다

어린이와 청소년의 요통을 유발하는 질환에는 허리디스크 외에도 선천적 척추분리증, 디스크염, 골수염, 류머티즘 관절염 등이 있다. 문제는 부모가 이런 질환을 성장통으로 여기고 대수롭지 않게 넘기기 쉽다는 것이다. 성장통이란 뚜렷한 원인 없이 나타나는 하지 통증을 일컫는 말로, 진단명도 아닐뿐더러 실제로 성장통인 경우는 매우 드물다. 아이들이 통증을 호소하는 것은 대개 질환 때문이지 성장통이 아니라는 것이다. 특히 아이가 다친 데 없이 절뚝거리거나 부종이 있는 경우, 특정 부위를 눌렀을 때 통증이 있는 경우라면 성장통이 아닐 가능성이 매우 크므로 그냥 내버려둬서는 안 된다.

성장통과 헷갈리기 쉬운 대표적인 질환이 바로 소아 류머티즘 관절염이다. 관절염이라 하면 대개 노인성 질환으로 오해하기 쉽지만, 류머티즘 관절염은 나이와 관계없이 면역 체계 이상으로 발병하므로 어린이나 청소년에게도 나타날 수 있다. 소아 류머티즘 관절염은 성인보다 관절의 손상 정도가 심하고 진행 속도도 빠르므로 조기 발견이 무엇보다 중요하다. 제때에 제대로 치료하지 않으면 관절의 염증이 몸의 다른 부분까지 퍼져 심각한 합병증을 초래할 수 있고 관절 기형을 유발할 가능성도 있다.

그러나 주로 무릎같이 큰 관절에 심하지 않은 통증이 나타난다는 점에서 성장통과 증상이 비슷하다. 그 때문에 별다른 치료 없이 방치되는 경우가 많지만, 성장통은 주로 저녁에 간헐적으로 통증이 발생하는 반면, 소아 류머티즘 관절염은 아침에 통증이 있고 아픈 부위를 누르면 통증이 심해진다는 점에서 성장통과 구별된다.

이외에도 감기나 중이염을 앓은 뒤에 나타나는 일과성 관절염이나 상처 부위의 세균 감염으로 인한 화농성 관절염도 성장통과 혼동하기 쉬운 질환이다. 이런 질환을 성장통으로 치부하여 제때 치료하지 않으면 성장판 손상이나 관절 변형 등 심각한 결과를 불러올 수 있다. 따라서 아이가 통증을 호소할 때는 가벼이 넘기지 말고 반드시 병원을 찾아 진찰을 받아야 한다.

심지어 어떤 부모는 아이가 관절이나 허리가 아프다고 하면 꾀병이라며 야단치기도 한다. 아이의 통증을 꾀병이라 여기는 것은 관절통이나 요통을 노인성 질환으로 인식하는 편견 때문이다. 부모가 아이의 통증을 대수롭지 않게 여기거나 꾀병이라고 꾸중하면 아이는 통증이 있어도 그냥 참고 견뎌야 한다고 생각하게 된다. 그렇게 부모가 비교적 쉽게 치료될 아이의 질병도 뒤늦게 발견하여 심각한 부작용을 초래하는 경우가 종종 있다. 한마디로 호미로 막을 걸 가래로 막는 셈이다.

우리는 아이가 건강하고 행복해서 사랑하는 것이 아니다. 하지만 아이가 아프다고 말하거나 부정적인 감정을 표현하면 많은 부모가 회피하거나 화를 낸다. 아이는 건강상의 모든 문제에 대해 부모와 상담하고 적절한 치료와 정서적인 위안을 받을 수 있어야 한다. 만일 아이가 통증을 숨기거나 참는 데 익숙하다면 부모의 양육 태도를 되돌아봐야 한다. 부모가 평소에 아이의 긍정적인 표현에만 관심을 기울이고 부정적인 표현은 무시하거나 외면하지 않았는지 반성해볼 일이다.

키 안 크는 아이,
척추 건강부터 확인하자

잘 먹고 잘 자고
많이 움직여야 키도 큰다

몇 년 전 TV 프로그램에 한 여성이 출연하여 키 작은 남성을 '루저'라고 지칭해서 사회적인 파문을 일으킨 적이 있다. 개인의 극단적인 생각이 여과 없이 전파를 탄 것이었지만, 우리 사회에서 큰 키에 대한 열망이 얼마나 강렬한지를 역설적으로 보여주는 사건이었다.

미국에서 키가 인생의 만족도에 미치는 영향을 조사했더니 키가 큰 사람이 작은 사람보다 긍정적인 감정을 더 많이 느낀다는 결과가 나왔다. 또한 키가 큰 남성은 작은 남성보다 평균 수입이 24퍼센트 더 많았고, 여성의 경우도 키 큰 여성의 수입이 18퍼센트 더 높은 것으로 조사됐다. 오스트레일리아에서 시행한 연구 결과도 이와 크게 다르지 않았다. 키가 183cm 이상인 사람들이 178cm 이하인 사람들보다 1년에 평균 1,000달러 이상을 더 번다는 결과가 나왔다. 이에 대해 연구자들은 키 큰 사람들이 그렇지 않은 사람들에 비해 자신감이 더 넘쳐서 사회적·경제적으로 더 큰 성공을 거뒀을 것이라는 분석을 내놓았다.

이런 분위기에서 아이의 키에 초연할 수 있는 부모가 과연 몇이나 될까? 한 설문 조사를 보면 요즘 부모들이 바라는 가장 이상적인 키는 아들은 185cm, 딸은 168cm라고 한다. 부모가 바라는 대로 아이의 키가 쑥쑥 자라주면 좋겠지만 현실은 그렇지 못하니 성장 클리닉, 키 크는 한약 등 온갖 방법이 다 동원된다.

솔직하게 말하면 나는 키가 작아도 세상 사는 데는 아무런 불편이 없다고 생각하는 사람이다. 하지만 키가 작은 아이를 둔 부모에게 작아도 괜찮다는 말은 아무런 위로가 되지 않을 것이다. 그러니 의사로서 아이의 키를 효과적으로 키울 방법을 소개하겠다.

사실 키 성장에 가장 강력한 영향력을 발휘하는 요소는 유전이다. 성장 클리닉에서는 키는 유전적인 요인보다 환경적인 요인에 의해 좌우되므로 클리닉의 치료를 통해 유전적인 요인을 극복하면 아이의 키가 더 자랄 수 있다고 주장하지만, 이는 사실이 아니다. 키는 유전적인 요인 80퍼센트, 환경적인 요인 20퍼센트에 의해 결정된다는 것이 지금까지 과학자들이 연구해 얻은 결론이다. 하지만 유전적인 한계가 있어

도 환경에 따라 아이가 부모의 평균 신장보다 10cm 이상 더 클 수 있
다고 하니 그리 절망스러운 소식은 아니다.

키를 키우기 위해서는 일단 잘 먹여야 한다. 영양소를 골고루 섭취
하되, 달고 짜고 기름기 많은 음식은 피한다. 줄넘기나 농구처럼 성장
판을 자극하는 운동을 즐기는 것도 도움이 된다. 아이가 뚱뚱하면 피
하지방에서 성호르몬이 분비되어 성장판이 일찍 닫히므로 자녀의 체
중 조절에도 신경 써야 한다. 아이의 성장호르몬 분비를 위해서는 무
엇보다 아이를 충분히 재워야 한다. 성장호르몬은 깊은 잠이 들었을
때, 시간상으로는 대략 오후 10시에서 자정 사이에 가장 활발히 분비
된다고 하니 이 시간대에 아이가 깊이 잠들어 있으려면 일찍 재우는
것이 유리하다.

여기까지는 자녀의 키 성장에 관심이 있는 사람이라면 한 번쯤 들
어봤음 직한 정보이다. 나는 한 가지를 더 추가하고 싶다. 바로 '건강한
척추와 바른 자세'이다.

큰 키도 작아 보이게 하는 척추 질환

한 사람의 몸매가 보기 좋으냐, 아니냐를 결정하는 것은 체중이 아

니라 근육의 양이다. 키와 몸무게가 같아도 근육이 많은 사람이 지방이 많은 사람보다 훨씬 날씬해 보인다. 마찬가지로 키도 자세에 따라 전혀 달라 보일 수 있다. 키가 170cm인 두 남학생이 있다고 하자. 한 아이는 어깨와 등을 편 채 바른 자세로 서 있고, 다른 아이는 구부정하게 구부린 자세로 서 있다면 둘 중 누가 더 커 보일까? 자세가 구부정하면 어깨높이가 낮아지고 머리가 상대적으로 커 보인다. 게다가 팔이 아래로 길게 내려오면서 다리가 짧아 보이는, 이른바 유인원 체형과 비슷한 모양새가 된다.

못 믿겠으면 아이와 실험해도 좋다. 아이가 바른 자세를 하고 사진 한 장을 찍고, 다음에는 구부정한 자세로 사진을 한 장 더 찍는다. 그러고 나서 사진 두 장을 나란히 비교해보라. 바른 자세를 하고 있는 사진이 확실히 키가 더 커 보일 것이다.

바른 자세는 키가 커 보이는 착시 효과만 주는 것이 아니라 실제로 키가 크는 데 긍정적인 영향을 미친다. 성장기에 바른 자세를 유지하면 척추 관절을 비롯해 모든 관절에 힘이 고루 분산되어 성장판을 자극하는 효과가 있다. 또한 척추에 혈액과 산소를 원활하게 공급하고 근육이 경직되는 것을 예방하며 척추의 정렬 상태를 바르게 유지함으로써 뼈가 건강하게 자랄 수 있는 환경을 만들어준다. 반면 잘못된 자세는 척추의 바른 배열을 흐트릴 뿐만 아니라 척추와 연결된 골반과 다리에도 변화를 가져오기 때문에 실제로 자란 키보다 더 작아 보이기 쉽다.

척추 질환을 예방하고 치료하는 것도 아이의 키 성장에 매우 중요한 요소이다. 물론 척추 질환이 있다고 해서 키가 자라지 않는 것은 아니다. 간혹 척추측만증이 있으면 키가 크지 않는다고 오해하는 사람들도 있는데 그렇지 않다. 척추측만증이 있는 아이의 경우 키가 자라긴 하되 휘어서 문제가 된다. 일자형으로 곧게 자라야 할 척추가 옆으로 휘어서 자라기 때문에 뼈가 성장했는데도 키는 커 보이지 않는다. 이때 척추 교정을 통해 척추의 배열을 바로잡아주면 휘어서 자란 척추와 구부정한 자세가 교정되면서 본래 키를 되찾을 수 있다.

척추 교정이란 약물이나 수술을 통하지 않고 근골격계 질환을 예방하고 건강한 상태를 유지하기 위한 치료이다. 숙련자의 손으로 척추 후관절에 빠르고 약한 강도로 자극을 가하여 후관절을 늘여줌으로써 비정상적인 배열을 교정하고 신경이 눌린 부분을 풀어주는 것이다. 엄밀하게 말하면 척추 교정은 키와 직접적인 연관이 없다. 그러나 간접적으로 영향을 줄 수는 있다. 척추 교정으로 키를 성장시킬 수는 없지만 척추와 골반, 사지의 관절을 본래 정렬 상태로 되돌림으로써 감춰져 있던 키를 1~3cm 정도 회복시킬 수 있다.

키의 성장에는 여러 기관이 복합적으로 작용하므로 척추가 결정적인 영향을 미친다고는 말하지 못한다. 하지만 척추를 건강하게 유지하기 위한 노력이 결국 키에도 긍정적인 영향을 미친다는 점만은 확실하다.

껌 씹는 습관이
아이의 척추에 일으키는 나비효과

'나비효과'라는 말이 있다. 브라질에서 작은 나비가 날갯짓을 하면 미국 텍사스에 폭풍우가 일어날 수 있다는 것이다. 나비의 날갯짓이 폭풍우를 일으키듯 껌을 많이 씹으면 척추가 변형될 수 있다. 껌과 척추 변형이 무슨 관련이 있을까 싶겠지만, 알고 보면 나비 날갯짓과 폭풍우의 연관성보다 훨씬 밀접한 관계가 있다.

국민건강보험공단에 따르면, 턱관절 장애 환자가 지난 5년 사이 42퍼센트나 증가했는데 환자의 절반가량이 10대와 20대라고 한다. 턱관절 장애란 여러 가지 요인으로 입 벌리기, 음식물 씹기, 말하기 등 턱관절 기능이 원활하지 못한 것을 말한다. 입을 벌리거나 다물 때 턱에서 딱딱 소리가 나는 경우, 손가락 세 개를 입에 넣지 못할 정도로 입이 잘 벌어지지 않는 경우, 하품하거나 음식을 씹을 때 귀 바로 앞 부위에 통증이 있는 경우 턱관절 장애를 의심해봐야 한다.

턱관절 장애를 일으키는 요인은 매우 다양하다. 한쪽 치아로만 음식을 씹으면 주로 사용한 쪽의 턱관절이 좁아져 턱관절의 균형이 깨질 수 있다. 치아가 없는 상태로 6개월 이상 방치한 경우에도 치아 교합이 달라지고 한쪽으로만 씹는 습관이 생겨서 턱관절 장애가 나타날 수 있다. 선천적 또는 후천적 이유로 부정교합이 발생했을 때, 사고로 턱에 충격이 가해졌을 때, 자면서 이를 갈 때, 스트레스가 심할 때도 마찬가지이다. 때로는 한쪽으로만 누워 자거나 옆으로 누워 턱을 괴는 버릇, 손톱이나 연필을 물어뜯는 버릇, 허리를 굽힌 채 목을 앞으로 쭉 빼는 버릇 등 나쁜 습관이 턱관절 장애를 유발하기도 한다.

그런데 최근 한 논문을 보면 청소년의 턱관절 장애 원인으로 '껌 씹기'가 가장 높은 비중을 차지했다. 사실 껌은 여러모로 이로운 점이 많다. 일단 타액 분비를 촉진하고 플라크를 제거하는 효과가 있어서 치아 건강에 도움이 된다. 또한 열량을 섭취하지 않고도 저작咀嚼 활동을 가능하게 한다. 뭔가를 씹는 활동은 뇌를 단기간에 활성화하고 소화액을 분비시키며 스트레스 호르몬 수치를 감소시키고 집중력을 향상하는 효과가 있다. 그래서 운동선수들이 경기 중에 껌을 자주 씹는 것이다.

하지만 껌을 15분 이상 씹으면 턱관절에는 무리가 간다. 특히 턱관절이 완전하게 형성되지 않은 청소년이 껌을 오래 자주 씹는 경우에는 턱 주변 근육이 지나치게 발달하여 사각 턱이 되거나 턱관절 장애로 발전하기 쉽다.

턱관절은 여러 개의 근육 조직과 연관되어 있을 뿐만 아니라 12쌍의 뇌신경 가운데 무려 9쌍이 지나가는 통로 역할을 한다. 그래서 턱관절에 문제가 일어나면 이런 근육과 신경의 균형이 깨지면서 턱관절 비대칭은 물론 목디스크, 허리디스크, 척추측만증 등 척추 질환까지 생길 가능성이 커진다. 껌 씹기라는 사소한 행위가 척추 질환으로 이어지는 것이다.

습관은 반드시 몸에 흔적을 남긴다

턱관절 장애가 척추 질환으로 이어지는 이유를 알려면 우선 턱이 움직이는 원리를 이해해야 한다. 우리가 입을 벌리고 다물고 음식물을 씹을 수 있는 것은 턱관절이 아래턱의 지렛대 역할을 하기 때문이다. 그런데 턱관절 운동의 중심축은 바로 척추이다. 척추의 가장 윗부분인 목뼈, 즉 1번 경추와 2번 경추가 아래턱을 움직이게 하는 중심축인 것이다.

턱관절이 불균형해지면 문제가 있는 쪽으로 경추가 틀어지면서 고개도 기울어지는데, 이때 경추신경이 눌리면서 목디스크 증상이 나타나게 된다. 또한 기울어진 머리를 바로 하기 위해 척추들이 따라서 휘기 때문에 척추측만증이 나타나기 쉽고, 그로 인해 골반이 틀어지면서 다리 길이가 달라진다. 척추의 불균형 상태에서 작은 충격이라도 가해지면 허리디스크로 이어질 가능성도 크다. 척추 불균형은 신경 전달 체계의 이상을 초래하여 두통, 현기증, 만성피로, 호흡기 질환 등 많은 질병까지 유발할 수 있다.

턱관절을 구성하는 조직은 한 번 망가지면 회복되기 어려우므로 예방이 무엇보다 중요하다. 껌 외에도 오징어, 육포, 쥐포 등 단단하고 질긴 간식은 되도록 아이에게 먹이지 않는 것이 좋다. 아이가 이런 주전부리들을 먹다가 턱이 뻐근한 증세를 호소하면 즉시 섭취를 중단시킨다. 평소 입을 크게 벌리거나 무리한 턱관절 운동을 하지 못하게 하고, 사고로 턱에 충격을 입었을 경우에는 즉시 병원에 데려간다.

턱을 사용하는 습관도 중요하다. 이를 악무는 습관, 손톱이나 물건을 물어뜯는 습관, 한쪽으로만 씹는 습관도 점진적으로 고칠 수 있도록 곁에서 도와준다. 치아가 약하거나 덧니, 충치가 있을 때도 음식을 한쪽으로만 씹게 되어 턱관절 장애를 유발할 수 있으므로 정기적으로 아이의 치아를 관리해야 한다.

가장 중요한 것은 바른 자세를 유지하는 일이다. 목뼈부터 골반까지 척추의 균형이 틀어지지 않는 자세를 바르게 유지해야 턱관절의 균형도 유지할 수 있다. 고개를 한쪽으로 돌린 채 엎드려 잔다거나 턱을 괸다거나 턱을 바닥에 대고 엎드리는 자세는 금물이다. 또한 앞에서도 여러 번 강조했지만 다리를 꼬아 앉거나 고개를 앞으로 쑥 내민 채 스마트폰이나 컴퓨터를 들여다보지 않도록 주의를 시킨다.

바르지 못한 자세는 턱관절 장애뿐만 아니라 부정교합의 원인이 되기도 한다. 주걱턱은 유전적인 요인이 크지만, 초등 고학년 이후 주걱턱이 두드러지기 시작했다면 나쁜 자세가 원인일 수 있다. 골반이 뒤로 기우는 자세를 계속 취하면 턱이 앞으로 불거지면서 아랫니까지 나오게 되어 주걱턱이 되는 것이다. 반대로 상체가 앞으로 기우는 자세를 취하는 습관이 있는 경우에는 윗니가 앞으로 돌출될 가능성이 커진다.

턱관절 장애가 척추에 많은 영향을 미치듯 거꾸로 척추 불균형이 턱관절 장애로 이어지는 경우도 있다. 우리 몸은 각 부분이 긴밀하게 연결된 하나의 유기체이기 때문에 턱관절의 불균형이 척추의 불균형으로, 척추의 불균형이 턱관절의 불균형으로 이어지는 것은 매우 당연한 현상이다.

긴장되거나 집중이 안 될 때 껌 하나 씹는 습관까지 주의를 줘야 한

다니 야박하다고 생각할 수 있지만, 작고 사소한 습관이 우리 몸에 미치는 영향은 실로 대단하다. 습관은 반드시 몸에 흔적을 남긴다. 우리 몸은 좋은 습관을 지녔느냐, 나쁜 습관을 지녔느냐에 따라 확연히 달라진다.

척추가
아이의 성격을 바꾼다

"척추가 비뚤어지면 성격도 비뚤어지나요? 바보 같은 질문일지 몰라도 저한테는 아주 심각한 문제예요."

한 중학생이 병원 홈페이지에 올린 질문이다. 단 두 문장이었지만 아이의 고민은 매우 깊어 보였다. 아마도 아이는 척추 변형으로 외모에 대한 자신감이 떨어지면서 다른 사람들의 시선에 예민한 반응을 보이게 된 것 같다. 동시에 그런 자신이 낯설고 자책감도 느껴졌던 모양이다.

척추 변형이 성격까지 비뚤어지게 한다고 말하기에는 당연히 무리가 있다. 하지만 내 경험에 비춰보면 척추가 변형된 아이들은 대체로 소심하고 내성적인 경우가 많았다. 진료실에 들어서는 모습만 봐도 알 수 있다. 자신 없는 모습으로 등과 어깨를 잔뜩 움츠린 채 좁은 보폭으로 걸어와 나에게 모깃소리로 인사를 건네는 아이들이 대부분이었다.

중학생 지연이도 그런 아이였다. 척추측만증, 일자목, 오다리 등 여러 문제로 내원한 지연이는 늘 어깨를 잔뜩 웅크린 채 얼굴의 절반을 머리카락으로 가리고 다녔다. '불행은 혼자 오지 않는다'는 말처럼 척추 변형도 한 부분에만 오는 법이 없다. 일단 척추가 변형되면 바른 자세를 유지하기 어려워지기 때문에 다른 부분에도 연쇄적인 변형이 일어난다. 그래서 지연이처럼 척추측만증, 일자목, 오다리가 함께 나타나는 경우도 드물지 않다.

척추측만증만 있어도 외모에 자신감을 잃기 쉬운데 다리도 휘고 일자목까지 됐으니 지연이의 외모 콤플렉스가 얼마나 심할지 충분히 짐작됐다. 아니나 다를까, 엄마 말을 들어보니 척추가 두드러지게 변형되기 시작한 초등 고학년 때부터 밝고 쾌활하던 지연이의 성격이 조금씩 내성적으로 변해가기 시작했단다. 친구들과 잘 어울리지 못하더니 급기야 중학교에 올라와서는 왕따 비슷한 것도 당하는 모양이라고 했다.

아이의 성격이 부정적으로 바뀌면 치료 효과가 잘 나타나지 않는다. 매사 의욕이 없고 소극적이라 재활 치료에도 의지를 보이지 않기 때문이다. 사실 재활 치료보다 더욱 중요한 것이 평상시 바른 자세를 취하는 일인데, 자세는 마음을 따라가기 마련이라 자세까지 덩달아 움츠러들어 척추 변형이 더 심해지곤 한다. 한마디로 척추 변형이 소극적인 성격을 만들고, 소극적인 성격이 척추 변형을 가속하는 악순환이 반복되는 것이다.

지연이도 처음에는 치료 의지가 거의 없는 아이였다. 이미 다른 병원에서 3년이나 치료받았지만 별다른 차도 없이 우리 병원으로 옮겨 왔다. 하지만 내가 보기에는 이전에 다니던 병원에 문제가 있었던 것이 아니라 지연이가 치료에 성실하게 임하지 않은 것이 문제였다. 늘 엄마 손에 질질 이끌려 재활센터에 왔고, 억지로 와서도 마지못해 따르는 기색이 역력했다. 집에서 해야 하는 재활 운동도 전혀 하지 않는 것 같았다. 그러니 3년 동안 병원에 다녀도 치료가 더딜 수밖에 없었다.

그런데 엄마가 어르고 달래서 우리 병원에서 물리치료를 꾸준히 받기를 2년째, 지연이의 체형이 조금씩 달라지기 시작했다. 지속적인 치료가 드디어 효과를 발휘하여 비틀어졌던 뼈들이 차츰 제자리를 찾아갔다. 그러자 지연이의 성격에도 변화가 생겼다. 자주 웃었고 말이 많아졌다. 움츠러져 있던 어깨가 활짝 펴졌고 얼굴을 반쯤 가리던 머리카락은 깔끔해졌다. 새로 사귄 친구들에 대해서도 부쩍 이야기를 많이 했다.

무엇보다 재활 치료를 받는 자세가 달라졌다. 지연이는 눈으로 효과를 확인하니 치료를 왜 받아야 하는지 비로소 깨닫게 됐다고 했다.

흰 다리와 비뚤어진 척추가 완벽하게 교정될 때까지 불평하지 않고 치료에 열심히 임할 거라고, 그래서 친구들 앞에 더 당당하게 설 거라고도 했다. 치료 효과가 나타나면서 자신감이 생기고, 그 자신감이 치료 효과를 상승시키는 선순환이 드디어 지연이에게도 시작된 것이다.

척추가 건강하면 아이의 자존감이 높아진다

초등 5학년인 소영이는 언젠가부터 체육 시간이 끔찍해졌다. 조금만 달려도 종아리가 끊어질 듯 아파서 아예 달리기를 하지 못했다. 선생님이 쪼그려 앉으라고 할 때마다 발뒤꿈치가 자꾸 들리는 바람에 아이들한테 놀림을 받기도 했다. 처음에는 체육 시간이 있는 날에만 학교에 가기 싫었다. 그런데 점차 매일 아침마다 학교에 가기 싫어졌다. 친구들이 자꾸만 자기를 놀리고 비웃는 것 같아서였다.

소영이 엄마는 아이가 꾀병을 부리는 줄 알았다. 학교에 가기 싫어서 종아리가 아프다는 둥, 친구들이 놀린다는 둥 거짓말을 한다고 생각했던 것이다. 소영이가 아예 쪼그려 앉지 못하는 걸 눈으로 확인한 후에야 단순한 꾀병은 아니라는 생각에 우리 병원으로 데려오게 됐다.

아이에게 자리에서 일어나 한번 걸어보라고 했다. 소영이는 주춤주

춤 일어나더니 천천히 걷기 시작했다. 내 예상대로 소영이는 까치발로 걷고 있었다. 처음으로 소영이의 걷는 모양을 유심히 보게 된 엄마는 깜짝 놀라서 소리를 질렀다. 딸이 그렇게 걷는 줄은 꿈에도 몰랐던 것이다.

아이의 걸음이 저 정도인데 어떻게 엄마가 모를 수 있느냐고 하겠지만, 아이의 이상 징후를 부모가 발견하여 내원하는 경우는 생각보다 드물다. 대개는 남들한테 "아이 걸음이 좀 이상하네", 혹은 "아이 등이 좀 휜 것 같지 않아?" 하는 소리를 듣고서야 부랴부랴 병원을 찾는다.

소영이가 언제부터 왜 이런 식으로 걷게 됐는지는 알 수 없었지만, 오랫동안 이런 동작을 지속한 탓에 종아리 근육 자체가 짧아져 있는 상태라는 것은 확실했다. 그때부터 소영이는 정기적으로 병원에 들러서 짧아진 종아리 근육을 이완시키기 위한 운동과 보행 연습을 하게 됐다.

다행히도 소영이의 회복 속도는 무척 빨랐다. 세 달 안에 쪼그려 앉는 것이 목표였는데 한 달 만에 달성했다. 쪼그려 앉기가 가능해지자 학교에 안 가겠다며 버티던 버릇이 사라졌다. 친구들이 놀린다는 소리도 더 이상 하지 않았고, 오히려 체육 시간에 달리기로 일등을 했다며 좋아했다. 이제 소영이의 목표는 정상적인 보행 습관을 몸에 익히는 것이다. 자신감을 회복한 소영이가 열심히 치료에 임하고 있으니 남들처럼 걷는 데 그리 오랜 시간이 걸리지는 않을 것이다.

사춘기 아이들은 얼굴에 난 여드름 하나로도 위축된다. 하물며 척추 변형이 있는 경우에는 두말할 나위가 없다. 아이들은 거울을 볼 때마다 부수고 싶다고 말한다. 자신이 부끄럽고 세상에 자신을 좋아해 줄 친구는 단 한 명도 없을 거라고 말한다. 척추 질환을 앓는 많은 아이가 왕따를 경험한다. 자신감을 잃으면 자존감도 낮아지고 대인 관계에서도 문제를 일으키기 쉽기 때문이다.

"청소년 척추 질환은 한창 외모에 관심이 높을 나이에 자신감을 잃게 한다." 건강 기사에 곧잘 실리는 이 한 줄로는 아이들의 고통을 제대로 설명할 수 없다. 아이들의 상처는 어른들의 생각보다 훨씬 깊고 심각하다. 지연이와 소영이의 이야기를 전한 것도 아이들이 어떤 고통을 경험하는지 더욱 생생하게 알리고 싶어서였다.

다행스러운 점은 아이들의 자존심은 쉽게 잃는 만큼 쉽게 회복된다는 것이다. 지연이와 소영이가 그랬던 것처럼 아이들은 증세가 호전되면 금세 자신감을 되찾는다. 자존감을 상실하는 것도 회복하는 것도 금방이다. 그래서 나는 아이들을 치료하는 데 보람을 느낀다. 아이들이 오랜 치료 끝에 가슴을 쫙 펴게 되는 날, 아이들의 자신감과 자존감에도 날개가 달린다. 그러니 척추가 달라지면 아이들의 인생이 달라진다는 말은 절대 과장이 아니다.

척추를 건강하게 지키는
생활 개조 프로그램

★ 척추 건강의 시작과 끝은 바른 자세이다

앉고 서고 걷고 눕는 모든 자세를 바르게 유지한다. 바른 자세란 척추의 본래 형태를 유지하는 자세를 뜻한다. 구와 어깨는 일직선을, 양쪽 어깨와 골반은 좌우 균형을 이루어야 한다. 등과 허리는 바로 펴야 디스크가 뒤로 밀리지 않는다.

★ 50분 앉았으면 10분은 서라

척추는 서 있는 자세에서 본래의 형태를 가장 완벽하게 유지할 수 있다. 따라서 앉아 있는 시간을 되도록 줄이고 틈틈이 자리에서 일어나야 한다. 최소한 50분에 한 번은 일어나 가벼운 스트레칭과 산책을 한다.

★ 아이의 체형에 맞는 가구를 사용하라

체형에 맞지 않는 가구는 아이의 척추를 일찍 퇴행시키는 주범이다. 아이가 쓰는 의자와 책상의 높낮이를 키에 맞게 조절해야 아이가 바른 자세를 유지할 수 있다. 여건이 여의치 않을 때는 쿠션이나 발 받침대를 사용하면 도움이 된다. 의자는 등받이와 팔걸이가 있는 것으로 고르고, 책상은 상판의 각도를 조절할 수 있는 것이 좋다.

★ 뼈에 좋은 음식을 먹여라

성장기 뼈 건강에 좋은 음식은 칼슘이 풍부한 유제품과 멸치, 뱅어포, 미역, 김 등이다. 칼슘의 흡수를 도우려면 비타민D와 함께 섭취하는 것이 좋다. 비타민D는 고등어, 달걀노른자, 말린 표고버섯, 꽁치 등으로 섭취가 가능한데 햇볕을 많이 쬐어도 몸에서 저절로 합성된다. 반면 카페인 음료, 탄산음료, 지나치게 달고 짠 음식 등은 칼슘의 흡수를 방해하므로 되도록 먹이지 말아야 한다.

★ 적정 체중을 유지하라

비만은 척추에 직접적으로 부담을 주는 요인이다. 고열량 패스트푸드는 피하고 규칙적으로 운동하여 적정 체중을 유지해야 척추도 건강하다. 다만 무조건 굶거나 한 가지 음식만을 섭취하는 다이어트는 골밀도를 떨어뜨려 오히려 척추에 해로우므로 피해야 한다.

★ 규칙적으로 운동하라

척추에 가장 좋은 운동은 걷기이다. 걷기는 온몸의 관절을 고루 움직일 수 있어 척추 건강에 바람직하지만 나쁜 자세로 걸으면 오히려 해롭다. 자전거 타기나 수영도 척추 건강에 권할 만한 운동이다. 이외에도 요가, 발레, 승마, 검도 등 바른 자세를 갖춰야 하는 운동이면 무엇이든 아이의 척추에 도움이 된다. 골프, 볼링, 테니스처럼 한쪽으로만 몸을 움직이는 운동은 척추의 균형을 해치는 운동이다.

척추 교정 스트레칭

★ 일자목 교정 스트레칭

옆에서 봤을 때 귀가 어깨 중심부보다 앞으로 나와 있으면 일자목일 가
능성이 있다. 일자목을 내버려두면 목디스크로 진행될 수 있으므로 틈
틈이 목 주변 근육을 강화하는 스트레칭을 해준다.

① 양발을 어깨너비로 벌리고 선 다음 양손을 머리 뒤로 깍지 낀다.
② 손에 힘을 주어 머리를 앞으로 최대한 잡아당긴다.
③ ②의 자세에서 목을 최대한 옆으로 비틀어 손으로 눌러준다.

★ 높낮이가 다른 어깨 교정 스트레칭

어깨의 높낮이가 다른 경우 한쪽 어깨로만 가방을 메는 등 나쁜 습관부
터 고쳐야 한다. 생활 습관을 바르게 하며 스트레칭을 병행하면 더욱 효
과적이다.

① 양발을 어깨너비로 벌리고 서서 양팔을 수평이 되도록 들어 올린다.
② 한쪽 손바닥을 위로, 다른 손바닥은 아래로 뒤집는다. 어깨가 틀어지는 느낌이
   나도록 스트레칭을 실시한다.

★ 구부정한 등 교정 스트레칭

등을 뒤로 젖히거나 가슴을 활짝 펴는 동작은 구부정한 등뿐만 아니라
일자목과 일자 허리를 교정하는 데도 도움이 된다.

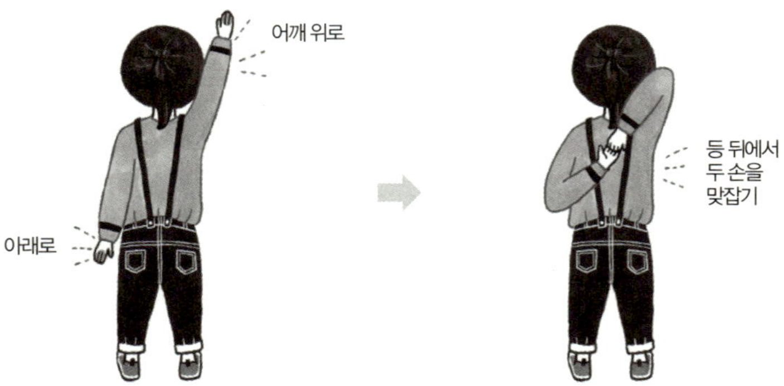

① 양발을 어깨너비로 벌리고 서서 한쪽 팔은 위로 올리고 다른 팔은 아래로 내린다.
② 등 뒤에서 두 팔을 서로 맞잡는다.
③ 팔을 바꿔 실시한다.

★ 틀어진 골반 교정 스트레칭

다리 길이가 달라 한 쪽 신발만 우독 빨리 닳거나 치마가 한쪽으로만 돌아가는 경우에는 골반 교정 스트레칭을 해주는 것이 좋다.

① 상체를 바로 세우고 앉아 양쪽 발바닥을 서로 붙인 다음에 몸 쪽으로 최대한 끌어당긴다. 두 손으로 발을 감싼다.
② 무릎이나 엉덩이가 들리지 않게 주의하면서 상체를 천천히 앞으로 숙인다.

★ 틀어진 허리 교정 스트레칭

한쪽으로 틀어진 허리는 반대 방향으르 틀어주는 스트레칭을 통해 균형을 회복시킨다. 허리를 숙였을 때 손끝이 짧은 쪽, 허리가 잘 돌아가지 않는 쪽으로 스트레칭을 한다.

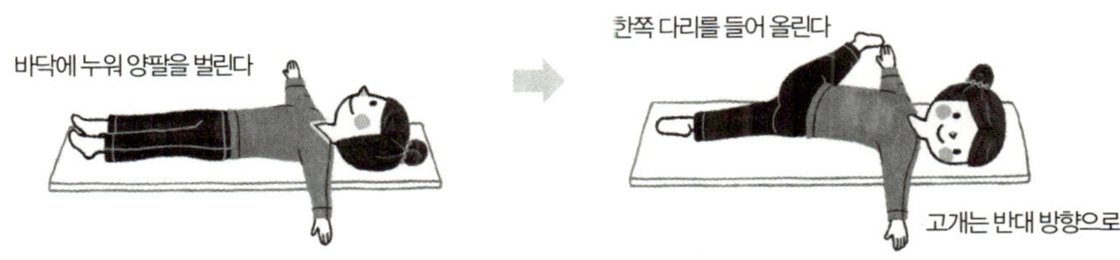

① 천장을 보고 바르게 누워 양팔을 옆으로 벌린다.
② 한쪽 다리를 들어 올려서 반대쪽으로 넘기는데 허리가 비틀리는 느낌이 나도록 한다. 고개와 시선은 넘어간 다리 반대 방향을 향한다.

국립중앙도서관 출판시도서목록(CIP)

내 아이의 척추가 위험하다 / 지은이: 이동엽.
— 고양 : 위즈덤하우스, 2015
    p. ;   cm

ISBN 979-11-86117-19-4 13590 : ₩11000

척추[脊椎]
건강 관리[健康管理]
자세 운동[姿勢運動]

517.32-KDC6
613.71-DDC23   CIP2015008254

내 아이의 척추가 위험하다

초판 1쇄 발행 2015년 4월 3일 초판 2쇄 발행 2016년 4월 25일

지은이 이동엽   펴낸이 연준혁

출판 1분사
편집장 한수미
책임편집 김민정 디자인 함지현

펴낸곳 (주)위즈덤하우스 출판등록 2000년 5월 23일 제13-1071호
주소 경기도 고양시 일산동구 정발산로 43-20 센트럴프라자 6층
전화 031)936-4000 팩스 031)903-3891 홈페이지 www.wisdomhouse.co.kr

값 11,000원   ⓒ 이동엽, 2015
ISBN 979-11-86117-19-4 13590

* 이 도서의 국립중앙도서관 출판예정도서목록(CIP)은 서지정보유통지원시스템 홈페이지
  (http://seoji.nl.go.kr)와 국가자료공동목록시스템(http://www.nl.go.kr/kolisnet)에서 이용
  하실 수 있습니다.(CIP제어번호: CIP2015008254)